いちばんよくわかる！
ハムスターの
飼い方・暮らし方

成美堂出版

ハムスターと幸せに暮らす5つのコツ

小さくて丸っこい体に、大きな瞳。
愛らしいハムスターとの毎日がとっても楽しくなる、
幸せライフのコツを紹介します♪

コツ1「うちの子」の個性を大切に

ハムスターは品種によって、大きさも性質もずいぶん違います。
おっとりしていたり、やんちゃだったり、
個体によっても性格はさまざま。
個性を大切にしてあげたら、
仲良くなれるよ！

ゴールデンハムスター

ほぼ実物大!!

ペットのハムスターの中では、体は大きめ。性質は比較的おっとりしていて、手乗りにもなりやすいです。コミュニケーションがとりやすいのが魅力！

体が大きめで存在感があります。
手乗りのしつけはあせらずゆっくりと。

ジャンガリアンハムスター

ほぼ実物大‼

ドワーフハムスター（小型のハムスター）の中では最も温和な性質です。人にもなれやすく、飼育しやすいので初めてハムスターと暮らす人にもピッタリ♪

カラーはグレーと茶が混ざったノーマルのほか、スノーホワイト、ブルーサファイアなどバリエーション豊富。

ロボロフスキーハムスター

ほぼ実物大‼

ドワーフ種の中でも最小のハムスター。人にはあまりなれませんが、小さい体ですばしっこく動くのを見ているだけで楽しい！　相性が良ければ、複数飼育もできます。

くっついてると安心〜♪

ちっちゃな体を寄せ合う姿がなんともかわいい〜♪

ふれあいながら
健康チェック

ゴールデンハムスターや
ジャンガリアンハムスターは
人になれやすく、手乗りにもできるかも。
スキンシップを楽しみながら、
体の状態もチェック。
健康管理に役立てましょう。

手の平でやさしく包み
込むようにして持って
あげましょう。

人の手になれさせるとこ
ろから、スキンシップを
スタートして。

バランスよく食べて
いつも元気!

食事はハムスター用のペレットをメインに、
野菜や種子類も少しプラスしてバランスよく。
ヒマワリの種などは喜んで食べますが、
カロリーが高いので
与え過ぎないように気をつけて。

食べ物をため込んで、
頬袋がパンパンにふ
くらんでいます。頬
袋から出した食べ物
を巣箱などにため込
むこともあります。

わーい!

後ろから見ると、お尻の幅と同じ
くらいに頬袋がふくらんでいるの
がわかります。

食べ物を手から与えると、
人の手にもなれてきます。

4

快適に過ごせる
おうちを用意

ハムスターは自分の居場所を大切にします。
安心して過ごせる住環境を
用意してあげましょう。
いつも清潔にして、
温度や湿度の調整も忘れずに。

おすすめは、水槽タイプのケージ。金網
タイプと違い、かじったりよじ登ったり
できないので安全性が高いです。

木でできた巣箱は、かじって
遊ぶこともできます。

ケージ内には床材を
たっぷり入れてあげ
ましょう。

トイレはこまめにそうじして、
いつもきれいに。

回し車は体にあったサイズの
ものを。静音タイプを選ぶと、
音が気になりにくいです。

くぐる、上り下りする、かじる
などいろいろな遊びが楽しめる、
木製のおもちゃ。

コツ

5

遊びは運動にも、 ストレス解消にも役立つ

回し車で走ったり、トンネルをくぐったり。
遊びは運動不足を解消して、
ハムスターの本能を満たしてくれます。
あなたのハムスターにあったおもちゃを
用意してあげましょう。

… …

カラフルなプラスチックの遊具は、
自由につなげたり、つみ上げたり
できて楽しい!

はじめに

•

かわいい仲間♪
ハムスターとの暮らしを始めましょう

　クリッとした瞳に、丸みのある体つき。夢中で回し車を回したり、前足を上手に使ってフードを食べたりするしぐさ。ハムスターはずっと見ていても飽きることのない、愛らしい動物です。

　ハムスターと私たちがハッピーに暮らすには、まず彼らの生態や習性を理解すること。そして快適な飼育環境を整え、栄養バランスのよい食事を与えてあげることが大切です。

　さらに、あなたがハムスターの気持ちになって、やってもらうとうれしいこと、されると嫌なことをわかってあげると、もっともっと仲良く暮らせるでしょう。

　ハムスターの小さな体から見たら、私たちの体は高層ビルと同じくらいの大きさです。お世話をするときは、こわかったり、痛かったりしないように、やさしく接してあげましょう。

　この本には、これからハムスターとの暮らしを始める人にも、すでに一緒に暮らしている人にも役立つ情報が満載です。

　ぜひ、あなたとハムスターとの幸せな日々のために、役立ててくださいね。

青沼陽子

いちばんよくわかる！
ハムスターの飼い方・暮らし方
もくじ

ハムスターと幸せに暮らす**5**つのコツ

 Part 1 ハムスターってどんな動物？

Part2 ハムスターを迎える準備をしよう

Part3 快適なおうちを準備

Part 4 お世話とふれあい

Part 5 健康を守る食事メニュー

Part 6 ハムスターの病気予防

Part7 シニアハムスターのお世話

ハムスターってどんな動物？

愛らしくて飼いやすい
ハムスターの３つの魅力

子どもから大人まで夢中になる、愛らしいハムスター。
飼育スペースもあまりとらず、お世話もしやすいので、
初めてペットを飼う人でも安心して一緒に暮らせます。

愛らしいその姿に
胸キュン

　ハムスターはしぐさがとてもかわいい
動物。前足でおやつをもって上手に食べ
たり、頬袋をパンパンにしたり、一心不
乱に回し車を回してみたり……。また表
情も豊かで、不思議そうに首を傾げたり、
おやつを見つけて目をキラキラ光らせた
り、見ているだけで思わず微笑ましい気
持ちになります。

スキンシップが楽しめ、
手乗りにできることも

　スキンシップも楽しめます。品種によ
る性質の違いや個体差はありますが、な
れてくれば、手乗りにできることも。ハ
ムスターは警戒心の強い動物ですが、飼
い主さんとの信頼関係ができてくればさ
わられることを嫌がらなくなります。手
のひらに乗って遊んだり、リラックスし
ている姿を見ると、気を許してくれてい
るんだなと、幸せな気分になれます。

カラーバリエーション豊富な品種もあります。
お気に入りのハムスターを見つけましょう。

魅力3

飼育スペースを
とらないので、
飼いやすく
お世話しやすい

　ハムスターはケージで飼えるので、飼育のためのスペースがそれほど必要ありません。また鳴き声をあまりたてないので、集合住宅でも無理なく飼えます。夜行性で昼間は寝ていることが多く、ふれあいタイムは夕方以降がベスト。だから昼間仕事で留守にしていても大丈夫。一人暮らしの人も飼いやすいでしょう。

ハムスターには、狭いところに入ると落ち着く習性があります。

ハムスターと仲良くなるコツは？

ハムスターの性質を
よく知る

　野生では捕食される立場なので、もともとは警戒心が強い動物です。無理に手乗りにしようとしたり、必要以上にかまったりするとストレスを与えてしまいます。性質や習性を知って、少しずつ仲良しになりましょう。

少しずつならしていけば、手乗りになることも。

しぐさから気持ちを
理解しよう

　ハムスターはしぐさや行動で、気持ちを表現しています。たとえば後ろ足で立って、耳をピンと立てているときは、周囲を警戒しています。またあお向けで寝ているときは、リラックスしています。行動をよく観察して、ハムスターの気持ちを察してあげることが大事です。

年齢による変化に応じた
飼い方を

　ハムスターの寿命は2〜3年。おうちに迎えてすぐは子どもでも、すぐに大人になり、1歳半を超えるころにはシニアになります。年齢による体の変化に応じて、適切な飼い方をしてあげることで、ご長寿ハムスターを目指しましょう。

お気に入りの ハムスターを選ぶ

日本で主に飼われているハムスターは5種類

　ハムスターの仲間は世界に20数種いますが、日本でペットとしてポピュラーなのは右で紹介している5種類。この5種類は体が比較的大きい「ゴールデンハムスター」と小さな「ドワーフハムスター」に分けられます。

　ゴールデンとドワーフでは、必要な飼育スペースや食事の量などに違いがあります。また生まれもった性質はそれぞれの品種でそれぞれ違います。これらの違いを理解したうえで、自分にとってベストなハムスターを選びましょう。

品種によって、ちょっぴり警戒心が強いことも。生来の性質を理解することが大事です。

Point

ハムスターを選ぶポイント

●品種で選ぶ

　ゴールデンやジャンガリアンは人になれやすいですが、ロボロフスキーはデリケートなので構われることがあまり好きではないなど、それぞれの品種で性質に違いがあります。

　18ページからそれぞれの品種を詳しく紹介しているので、品種ごとの特徴を理解して選びましょう。

●カラーで選ぶ

　ゴールデン、ジャンガリアン、キャンベルはカラーバリエーションが豊富です。ペットショップで実際に見て、お気に入りのカラーのハムスターを選ぶことができます。またゴールデンハムスターには長毛種もいます。

キンクマです！

真っ白!!

ボクはロンも〜

どのコがいいかしら〜

日本で飼われている主なハムスター

大きめの体

ゴールデンハムスター

体長 • 18 ～ 19㎝
体重 • 85 ～ 150g

➡詳しくは18ページ

ゴールデンハムスターはカラーバリエーションが
豊富ですが、種類としては1種類です。

小さめの体

ドワーフハムスター

**ジャンガリアン
ハムスター**

体長 • 6 ～ 12㎝
体重 • 30 ～ 45g

➡詳しくは22ページ

**ロボロフスキー
ハムスター**

体長 • 7 ～ 10㎝
体重 • 15 ～ 30g

➡詳しくは26ページ

**キャンベル
ハムスター**

体長 • 6 ～ 12㎝
体重 • 30 ～ 45g

➡詳しくは27ページ

**チャイニーズ
ハムスター**

体長 • 9 ～ 12㎝
体重 • 30 ～ 40g

➡詳しくは27ページ

ゴールデンハムスター
Golden Hamster

DATA

原産国	シリア、レバノン、イスラエルなど
体長	18〜19cm
体重	オス85〜130g メス95〜150g
毛色	ノーマル、キンクマなどバリエーション豊富

前足を使って、器用にフードを食べる姿は愛らしさ満点。

体が大きめで扱いやすく、人にもなれやすい愛嬌者

　ハムスターのなかで、もっとも古くからペットとして親しまれてきたのがゴールデンハムスター。カラーバリエーションが豊富で、長毛のものもいます。ドワーフハムスターに比べると体が大きく、おっとりした性格で比較的なつきやすい個体が多いのが特徴です。手乗りにもなりやすいので、コミュニケーションをとってハムスターと遊びたい飼い主さんには特におすすめです。

おしりも茶褐色。しっぽは短くて、ほとんど毛が生えていません。

ノーマル（短毛、ぶち）

毛色が茶と白、目が黒色のタイプが最も一般的。「ノーマル」と呼ばれる。野生の個体の色味に近い。

キンクマ

人気の高い色。全体に金色っぽい肌色で、耳の裏側が黒っぽい。アプリコットとも呼ばれる。

↓　アルビノ

色素が少ない「アルビノ」は、全体の毛色は白く、目は赤いのが特徴。

←　ダルメシアン

犬のダルメシアンの柄に似ていて、白地に黒の模様がアトランダムに入っている。

↓　ノーマル（長毛）

毛色の基本は、茶と白。長毛種は、短毛種よりも性格が穏やかな個体が多い。

パンダ　↑

パンダを思わせる黒と白の色の
コントラストが鮮やか。

↑ ドミノ フルブラック

黒い顔の真ん中に、白い一本線が
入っている。全体の毛色は黒。

↑ ドミノ トリコロール（長毛）

茶色の顔の真ん中に白い線、全体は三毛猫
のように三色が入り混ざっている。

縄張り意識が強いので、基本的に1匹飼いを

　おっとりしたルックスとは裏
腹に、ゴールデンハムスターは
とても縄張り意識が強いです。
基本的に1匹で飼いましょう。
多頭飼いをするならケージを分
けて、一緒に遊ばせるときも目
を離さないようにしましょう。

ジャンガリアンハムスター
Djungarian Hamster

DATA

原産国	● カザフスタン、シベリア南西部 など
体長	● オス　7〜12㎝、 メス　6〜11㎝
体重	● オス　35〜45g、 メス　30〜40g
毛色	● ノーマル、スノーホワイト、 ブルーサファイアなど

機敏な動きにキラキラした瞳
一緒に遊ぶこともできる

前足で顔を洗うしぐさは、とてもキュート。

　愛らしいルックスで、ペットのハムスターの中では人気 NO.1。野生ではとても寒い場所に生息しているため、足の裏にも毛が生えています。毛色はノーマルのほか、スノーホワイト、ブルーサファイアの3種類が多く見られ

ます。ドワーフハムスターの中では温和な性質で、人になれやすいので、手乗りにできる場合も多いです。子どもや初めてハムスターを飼う人でも飼育しやすく、仲良くなれるでしょう。

体つきは丸く、足の裏まで
毛で覆われています。

背中から額にかけて、
黒い線が入っている
のが特徴です。

↑ ノーマル

腹部は白、背部から顔はグレーと茶色。
背中から額にかけて、黒い線が走っている。

↑ スノーホワイト

ジャンガリアンは冬になる
と白い毛に換毛するが、そ
れに近く全身真っ白。

23

ブルーサファイア

青みがかった薄いグレーで、おなかは白。
背中の線もノーマルに比べると薄い。

ノーマルに比べて、全体的に
色が薄くなっています。

冬になると、
毛が真っ白になることも！

　ジャンガリアンの中には、冬にな
ると毛が真っ白になる個体がいます。
冬にパールホワイトだと思って入手
したハムスターが、夏になったら茶
色に換毛していた……などというこ
とも、時にはあるようです。

パールホワイト　↓

全体は真っ白だが、軽くグ
レーっぽい色が混じっている。
背中に黒っぽい線が入ってい
るのが特徴。

個体によって、グレーの毛が少なく、
真っ白に近いものもいます。

↑　パイド

"パイド"とはまだら模様のことで、
茶色や黒、グレーなどが混ざっている。
個体によって、模様の出方はまちまち。

ロボロフスキーハムスター
Roborovski Hamster

DATA

原産国	● ロシア（トゥバ治共和国）、カザフスタン東部、モンゴル西南部など
体長	● 7〜10㎝
体重	● 15〜30g
毛色	● ノーマル、ホワイトなど数種

ノーマル

体の上半分が黄褐色、下半分が白い色。目の上に眉毛のような白い模様がある。

ドワーフ最小種で
ちょこまかした動きがかわいい

　ペットとして飼われているハムスターの中では、いちばん小さい種類です。臆病で警戒心が強い性質なので、人にはあまりなれないことが多いようです。いっしょに遊ぶよりは、観賞して楽しむタイプのハムスターです。カラーはノーマルがほとんどで、顔が白いホワイトフェイスという毛色のものがたまに見られます。

野性味を残したやんちゃ者
キャンベルハムスター
Campbell Hamster

DATA

原産国	● ロシア（バイカル湖沿岸東側）、モンゴル、中国北部など
体長	● オス 7〜12㎝、メス 6〜11㎝
体重	● オス 35〜45g、メス 30〜40g
毛色	● ノーマル、ブラック、イエローなどバリエーション豊富

イエロー

茶色を明るくしたような黄色。
目が赤い場合も多い。

ジャンガリアンより
やや大きめでカラー豊富

　ジャンガリアンとよく似ていますが、やや体が大きめです。背中のラインも、ジャンガリアンに比べると細く、あまりはっきり出ていません。毛色や柄のバリエーションは、とても豊富です。性格は気が強く、やんちゃで、人をかむこともあるので気をつけましょう。

長いしっぽと小さな顔が特徴的
チャイニーズハムスター
Chinese Hamster

DATA

原産国	● 中国北西部・内モンゴル自治区など
体長	● オス 11〜12㎝、メス 9〜11㎝
体重	● オス 35〜40g、メス 30〜35g
毛色	● ノーマルほか数種

時間をかければ
人になれてくれる

　ジャンガリアンやキャンベルと比べると体が細長く、しっぽも長く、ネズミに近い外見をしています。性格はおっとりしていて、人にはよくなれます。動きはすばやく、見ていて飽きません。多少警戒心は強いですが、時間をかけると人にもなれてきます。

ハムスターの習性や本能を知る

ハムスターはリスやネズミの仲間

下にある分類図のように、ハムスターはリスやネズミ、モルモットなどと同じ"げっ歯目"の動物。一生伸び続ける上下一対の切歯（門歯）があるのが共通した特徴です。また、多くの動物が食べものを持つなど、前足を器用に使うことができます。

げっ歯目の仲間は約1800種いて、地球上の哺乳類の約1/3を占めます。なぜこんなに増えたかというと、環境への適応力が強く、繁殖力も旺盛だからです。ハムスターの生物的な特徴はネズミにいちばん近く、キヌゲネズミ亜科に属します。リスのように、高いところから飛び降りたりすることはできません。

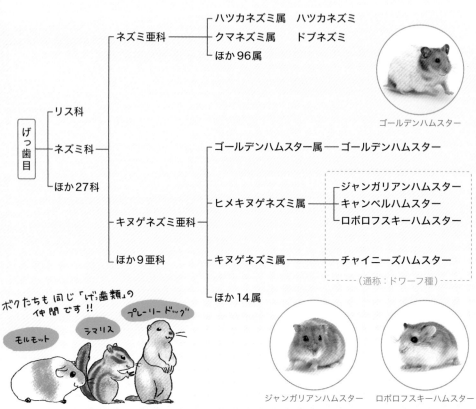

ネズミ亜科 ─── ハツカネズミ属　ハツカネズミ
クマネズミ属　ドブネズミ
ほか96属

ゴールデンハムスター

げっ歯目 ─── リス科
ネズミ科
ほか27科

ゴールデンハムスター属 ── ゴールデンハムスター

ヒメキヌゲネズミ属 ── ジャンガリアンハムスター
キャンベルハムスター
ロボロフスキーハムスター

キヌゲネズミ亜科
ほか9亜科

キヌゲネズミ属 ── チャイニーズハムスター

（通称：ドワーフ種）

ほか14属

ボクたちも同じ「げっ歯類」の仲間です!!
プレーリードッグ
ラマリス
モルモット

ジャンガリアンハムスター　ロボロフスキーハムスター

野生では巣穴を掘って暮らしている

体がちょうど通れる幅のトンネルを掘る

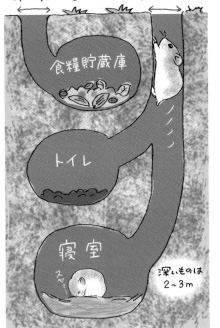

食糧貯蔵庫

トイレ

寝室

深いものは
2～3m

野生のハムスターは砂漠などの乾燥地帯で、地面に巣穴を掘って暮らしています。寝室や食糧貯蔵庫、トイレなどを作ります。ゴールデンハムスターの場合、地下2～3mもの深さの巣穴を掘ることもあるようです。ジャンガリアンなどの小型のハムスターは、深くても1mくらい、たいてい30cmくらいの深さの巣穴を掘ります。

ハムスターはミミズクやワシなどの鳥類、キツネなど、さまざまな動物たちから捕食の対象として狙われています。そのため日中は安全な巣穴の中で過ごし、天敵たちの目をくらますことができる夜、外に出て食べ物を探しに行きます。

食べもの探しのためなら
一晩で数10kmを移動する行動派

野生のハムスターは、何でも食べる雑食性。野草から木の実、昆虫などあらゆるものを食べています。

夜になって巣穴を出ると、かなり遠くまで食べものを探しに行きます。一晩で数10km近く走り回ることもあるといいます。その名残なのか、回し車は大好きな遊びのひとつ。ケージの中に回し車を入れてあげると、本能を満たし、運動不足も解消できます。

回し車を回すのも、本能的な行動。体のサイズに合ったものを、ケージに入れてあげましょう。

習性を理解することで、よりよい関係が築ける

ペットとして飼われているハムスターは、野生のハムスターを品種改良して、美しい毛色などを作り出したものです。しかしハムスターが本来持っている習性は、品種改良してもそのまま残っています。

ハムスターの習性を理解して、接し方を工夫することで、より仲良くなれます。本能的な行動をなるべく制限せず、欲求を満たすような飼育環境を整えることも大切です。たとえば、穴を掘る習性があるので、ケージの中には床材をたっぷり入れる。巣穴に入ると安心するので、体がすっぽり入る巣箱を用意するなど、ハムスターが安心して暮らせるようにしてあげましょう。

中に入って遊べるおもちゃは、隠れたり、もぐったりしたい本能を満たしてくれます。

1 捕食される動物なので、接するときはやさしく

野生では、さまざまな動物から狙われるハムスター。飼い主さんのことも最初は「自分を狙う敵」と思っているかもしれません。いきなりさわろうとしないで、やさしく接して、少しずつ仲良しになりましょう。

2 夜行性なので、お世話するのは夕方から夜がベスト

野生のハムスターは日中巣穴で寝ていることが多く、日が暮れてから食べものを探しに行きます。ペットのハムスターも、昼間はそっとしておいてあげて。フードの交換やケージのそうじなどのお世話は、夕方以降に。

5 縄張りを広げたい本能から においつけをする

野生のハムスターはより多くの食べものを手にするため、広い範囲を自分の縄張りにしようとします。そのため、においつけをして、縄張りを主張します。ペットのハムスターも、ケージの床や壁などに背中をこすりつけて、においつけをします。特に発情期のオスはメスの気を引こうとして、しきりににおいつけをします。

3 巣穴で生活しているから 狭いところに入ると安心する

野生では地面に穴を掘り、地下に巣穴を作って暮らしています。ケージの中にも、体を隠せる巣箱があると安心。体がすっぽり入る、適当な大きさの巣箱を用意してあげましょう。

4 歯が伸び続けるので、 モノをかじることが欠かせない

ハムスターの上下の門歯は、一生伸び続けます。そのためモノをかんで歯を摩耗させなければなりません。金網ケージやプラスチックのおもちゃをかむと歯を傷めてしまうので、かじり木を入れてあげましょう。

体がすっぽり
おさまると
安心〜

ハムスターはしぐさで 気持ちを表している

言葉がなくても、ハムスターの気持ちはわかる

ハムスターはあまり鳴くこともなく、一見表情の変化も乏しいように見えます。しかし、よく観察すると実は豊かな表情を見せてくれていることがわかります。

機嫌がいいときは、無防備にあお向けに寝転がっていたり、気持ちよさそうに毛づくろいしたりします。逆に恐怖を感じたりして機嫌が悪いときは、キーキー鳴きながら暴れることも。

彼らがしぐさで表現している「ハム語＝ボディランゲージ」を理解できるようになると、ハムスターの気持ちがわかるようになってきます。そしてよい関係が築けるようになり、さらにハムスターと仲良しになれます。

check!

ハムスターの感情はとってもシンプル

ハムスターの感情は、人間のように複雑ではありません。安心、満足している「リラックスモード」と、恐怖や不満があるときの「ストレスモード」の２つが彼らの心理状態の基本。何が安全か、何が危険かは、本能に基づいて判断しています。

たとえば、野生では頭上を飛ぶ鳥に捕食されることがあるため、飼い主さんが上からつかもうとすると、ハムスターは恐怖を感じて、警戒します。「ストレスモード」のときに見せるしぐさが多い場合は、飼育環境や飼い主さんの接し方に問題があるのかもしれません。なるべく「リラックスモード」を見せる場面が増えるように、環境や接し方を見直してみましょう。

リラックスモード
● 安全な場所だとわかり、安心している状態。
● 食事、住環境などが満たされ、満足している状態。

おなかを見せて寝転がっているときは、安心しきっています。

ストレスモード
● 危険があるのかもと感じ、警戒心を抱いている状態。
● 気に入らないことがあって、不満を感じている状態。

あお向けになって暴れているときは、恐怖を感じています。うっかり手を出すと、かまれてしまうことも。

リラックスモード のときのしぐさ

リラックスしていると、ペタンと床に座ったり、あお向けになって寝たりします。気持ちよさそうな姿を見ていると、こちらまでうれしい気分に。

おしりを床にペタン

➡ ここは安心できる場所

おしりをつけているときは、足の裏が地面についていないので、すぐに逃げ出せません。ペットならではのくつろぎのポーズです。飼い主さんがいる前でこの座り方をしているなら、信頼して安心している証拠。

あお向けで寝る

➡ ほっとしたら　眠くなっちゃった～

急所であるおなかを出して寝転がっているのは、とてもリラックスしている状態。よくなれてくると、飼い主さんの手の上であお向けになって眠ってしまうことも。暑いときにこのポーズで寝ていることもあります。

耳がペタンと寝ている

➡ リラックス～♪

周囲を警戒しているときは、音をよく聞こうとして耳を立てます。耳をペタンと倒しているときは、警戒心がなくなり、リラックスしている状態。眠っているときや、寝起きなどによく見られます。

毛づくろいをする

➡ 気持ちいい～

ハムスターは、きれい好き。前足を器用に使って、頭や顔などの毛を毛づくろいします。フードを食べた後や、眠りからさめたときなどによくやります。舌でなめたり、後ろ足で耳の掃除をしたりすることも。

ストレスモード のときのしぐさ

ハムスターは、警戒心の強い動物。敵が近づいてきていないか、本能的に察知しようとします。また機嫌が悪いときは、「キーキー」と鳴き声を出して暴れることも。そんなときはストレスの原因を探し、取り除いてあげましょう。

後ろ足で立ち上がる

➡ 怪しい気配がするぞ!!

キョロ　キョロ

後ろ足だけで立ち、耳をピンと立てているときは、周囲を警戒しています。遠くまで見渡して、危険がないかを確かめようとしているのです。また怒っているときにも、自分を大きく見せるために、後ろ足で立ち上がることがあります。

動きが固まる

➡ 怖いよー

ピタ…　!!!

動きを止めてじっとしているときは、何かに驚いたり、恐怖を感じたりしているサインです。敵に狙われないように、動きを止めることで風景に同化して、やり過ごそうとしています。何かを見て固まったときは、その対象が怖いとき。緊張状態なので、さわったりしないように注意。

耳を後ろに向けている

➡ 怒ったぞ!!

耳を後ろに向けているときは、何かを警戒して、「これ以上近づいてきたら、攻撃しちゃうぞ!」と怒っている状態です。さらに口を開いて、後ろ足で立ち上がってこちらを見ているときは、威嚇しています。

おなかを出して暴れる

➡ もう、キレたぞ！

　何かこわいことが起こったとき、嫌なことがあったときなどに、キーキー鳴きながらあお向けになって暴れることがあります。こんなときさわろうとすると、かまれる可能性大。そっとしておきましょう。

歯をむき出して威嚇する

➡ あっちに行け〜!!

　こわいことがあったり、機嫌が悪かったりすると歯をむき出して、威嚇のポーズを取ることがあります。野生でも敵に襲われそうになると、このポーズをとります。

首を引っ込める

➡ ビックリした〜

こ、こわい……

　大きな音がしたり、急に人間にさわられそうになったりすると、ビックリして首をすくめるようなポーズをとることがあります。このとき、片方の前足を上げていることが多いのは、逃げ出す機会をうかがっているから。

ほふく前進で歩く

➡ 慎重にいくぞ…

ソロソロ……　　クンクン

　ハムスターはとても用心深い性質。体を低くして、ゆっくり歩くときは、警戒して、慎重に行動している証拠。特に初めての場所などで、よく見られます。体を低くするのは、顔が地面に近くなることで、においをかぎやすくするためです。

鳴き声 からわかる気持ち

ハムスターはあまり鳴き声をたてませんが、声を出しているときは感情が高ぶっている証拠です。怒りや不満の表現で声を出すことが多いので、鳴き声が聞こえたときは、様子を見てあげましょう。

「ジジッ！」
➡ やめてよ！

「ジジッ」っと短く鳴くときは、「やめてよ！」「こっちに来るな!!」と軽めに威嚇しています。さわろうとして、ハムスターがこの鳴き声を出したら、こわがっているので止めましょう。

「キーキー」
➡ こわい！　やるか?!

「キーキー」は、「ジジッ」より感情が高ぶっているときの鳴き声。恐怖や痛みなどでパニックになっているとき、攻撃的な気分になっているときなどに発します。

歯を「ガチガチ」
➡ 気に入らない！

不満があったり、威嚇したりするときに歯をガチガチ鳴らすことがあります。かじっているものを取り上げられるなど、行動を制限されたときなどに聞かれます。気の強い性格の個体によく見られます。

 check！

鳴いているみたいだけど、声がしないときは超音波を発しているかも

音がしないのに、鳴いているように見えることがあります。こんなときは、人間には聞こえない超音波を発信しているのかもしれません。ハムスターどうしは、超音波を使ってコミュニケーションをとることも。発情期のオスは、メスに向けて超音波で「求愛の歌」を歌うこともあります。

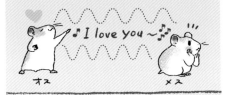

行動 からわかる気持ち

ハムスターをよく観察していると、普段と違う行動をしているのに気づくことがあります。リラックス、ストレスの表現以外にも、「暑い」「寒い」などの感覚から、行動をしていることがあります。

前足をモミモミ

➡ キレイにするぞー

前足をもみ手するようにこすり合わせているときは、毛づくろいの準備をしているところ。まずは前足をこすり合わせてキレイにしてから、毛づくろいを始めます。ハムスターはとてもきれい好きな動物なのです。

体を伸ばして寝ている

➡ 暑いよー

腹ばいで体を伸ばして、ダラッとしているときは、暑いのかもしれません。この姿が見られたら、クールボードを入れるなど、涼しくなるようにしてあげましょう。

丸まって寝ている

➡ 寒いよ……

寒いときには、体を丸めて寝ていることが多いです。丸くなることで体温が逃げにくくなり、呼吸がおなかに当たることで、体の湿度を保つ効果も。丸まって寝ているときは、室温をチェックして、温度管理をしましょう。

ソワソワして、毛づくろいする

➡ 彼女募集中！

発情期になると、臭腺からの分泌物が増えて、臭腺が濡れることがあります。それを気にして毛づくろいすることがあります。また普段よりソワソワと動き回ることもあります。

Point

普段と違う行動をするときは、よく様子を観察してあげて

言葉を持たないハムスターは、しぐさや行動で気持ちを表しています。毎日ハムスターの様子を観察していると、「今日はちょっと違うな」とわかるようになります。

ハムスターが落ち着かない様子だったり、ストレスモードで見られる行動が多かったりするときは、飼育環境の見直しが必要かもしれません。

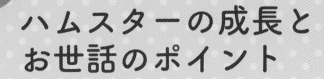

ハムスターの成長と お世話のポイント

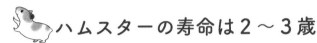

ハムスターの寿命は2〜3歳

ハムスターは成長がとても早く、生後1カ月半ほどで性成熟して、大人の仲間入りをします。寿命はゴールデンハムスターで3年、ドワーフハムスターで2年くらいです。

ハムスターにとっての1日は、人間の1カ月と同じくらい、時間が過ぎているのです。おうちに迎えたばかりの2カ月くらいのハムスターは、やんちゃ盛り、元気いっぱいなティーンエイジャーです。しかし1歳半くらいになると、人間でいえばシニアに差し掛かり、病気にかかるリスクも上がってきます。年齢に応じて、必要なお世話をしてあげることが大事です。

● ハムスターと人間の年齢換算表

ハムスター	人間
1カ月	7歳
2カ月	15歳
3カ月	18歳
6カ月	25歳
1歳	30歳
2歳	60歳
3歳	90歳

人間の30倍の速さで年をとっていくと言われているよ。

成長期
0カ月〜2カ月半くらい

もう大人だよ〜

0ヶ月

2〜2ヶ月半

2〜2カ月半で大人の仲間入り

ハムスターは生後1カ月半くらいから、性成熟が始まります。2〜2カ月半にはすっかり大人になり、繁殖もできるようになります。

まだ小さいから大丈夫だろうと、オスメスをうっかり同じケージに入れていると、いつの間にか子どもが増えてしまうことも。気をつけましょう。

青年期
2カ月半〜1歳半くらい

元気な時期だけど、環境整備はしっかりと

　1歳半くらいまでのハムスターは、体力的に充実した時期です。毎日の食事、運動は健康維持に欠かせません。毎日のお世話をしっかりしてあげましょう。

　食事は栄養バランスがとれるように、ペレットを中心に。おやつの与えすぎは肥満の原因になるので、注意しましょう。また運動不足解消、ストレス発散のために、回し車のほかにトンネルなどのおもちゃで遊ばせてあげてもいいでしょう。

中年期・高齢期
1歳半以上

少しでも長生きできるように、健康管理を

　1歳半くらいから、ハムスターはシニア期に差し掛かります。2歳を迎える頃には、お年寄りの仲間入り。運動量が減り、一日中じっとしていることが増えたり、毛並みが悪くなってきたりと、それまでと様子が変わってきます。

　この年代に差し掛かってきたら健康診断を受けて、病気がないかチェックを。ケガをしないようにケージ内のレイアウトを見直したり、ペレットを低脂肪のシニア用のものに変えたり、必要に応じてお世話の内容を見直していきましょう。

居心地のいいおうちで、安心してハムスターが過ごせるようにしてあげることが、長寿の秘訣です。

➡ シニア期のお世話については Part 7 を参照

オスとメスの違いを知っておこう

 ## 性別によって、多少性質にも違いがある

オス、メスそれぞれに、多少共通する性質の傾向があります。ただし、個体差が大きいので、オスのハムスターでもなわばり意識がそれほど強くない場合もありますし、メスでもおっとりしている場合もあります。

ハムスターはオス、メスの見分けが小さいうちはつきにくいため、知人から赤ちゃんハムスターをゆずってもらうときなどは、性別がわからないことも。気に入った個体だったら、あまり性別は気にしなくても構いません。

男の子と女の子では、
体のつくりだけでなくて、
性質の違いもあるよ。

オスとメスの見分け方

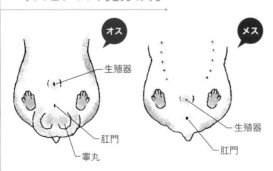

オス

メス

生殖器
肛門
睾丸
生殖器
肛門

種類によっては性別による体格の違いもありますが、大きくはオスとメスの見た目の違いはありません。オスとメスを見分けるには、生殖器と肛門の距離を確認します。距離が離れているのがオス、近いのがメスです。またオスは性成熟すると臭腺が発達して、陰嚢が目立つようになります。メスは乳首が目立つようになります。

オス の特徴 ·····································

- なわばり意識が強く、ケンカをすることが多い
- 環境の変化に弱く、ストレスを感じやすい
- 好奇心が強い

メス の特徴 ·····································

- 新しい環境に慣れるのが、オスに比べて早い
- 病気やストレスにやや強い
- 出産しないと、出産した場合に比べて生殖器の病気にかかりやすくなる傾向がある

check!

ゴールデンハムスターでは
メスが体も大きく強い

オスとメスを比べると、メスのほうが気が強い傾向があります。特にゴールデンハムスターのメスは、オスよりも気が荒く、体も大きく、ケンカも強いです。妊娠時はさらに気が荒くなる傾向があります。また急に背後から襲われるとあお向けになって防衛体勢をとり、強い臭気を放ちます。

ここに注意

何匹か飼う場合は、オスメスの同居はNG！

オスとメスのハムスターを飼う場合は、ケージは必ず別々にしましょう。繁殖力が強いので、同じケージで飼っていると、どんどん赤ちゃんが増えてしまいます。またケンカしてしまう場合も多いので、同居は避けましょう。

ハムスターの体の特徴をチェック

ゴールデンハムスター

ハムスターの体の基本的な特徴は、
ゴールデンハムスターもジャンガリアンハムスターもほぼ同じです。
それぞれの特徴をチェックしましょう。

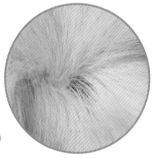

毛

柔らかく、光沢のある毛におおわれている。少しくらいなら水をはじくが、ぬれるのは苦手。毛の長い種類もいる。

臭腺（しゅうせん）

なわばりに自分のにおいをつけるために、液体を出す。異性をひきつけるためにも使われる。メスにもあるが、オスのほうが発達している。位置がドワーフと違う。
➡45ページ参照

しっぽ

短くて、あまり目立たない。ハムスターはリスのように木登りをしないので、しっぽでバランスをとる必要がなく、そのために退化したといわれている。

後ろ足

指の数は5本。前足より大きく、真っ直ぐ立つこともできるほどしっかりしている。

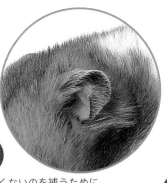

耳

目がよくないのを補うために、聴力が発達している。人間には聞こえない高周波や超音波を聞き分ける。野生のハムスターは超音波を出して仲間と交信しているといわれる。

目

夜行性で近眼のため、あまりよく見えない。色は黒が多い。ぶどう色や写真のように赤い目のタイプもたまにいる。両方の目の色が違うものも。

ひげ

たくさんの長いヒゲが生えている。顔の周りに何があるかを敏感に感じ取る。

鼻

嗅覚は優れていて、なわばりや食べ物のにおいを敏感にかぎ分ける。

歯

歯は16本で、人間の半分。上下の門歯は一生伸び続ける。色は黄色っぽい。

頬袋

伸び縮みする細胞でできていて、食べ物を溜め込むことができる。顔の形が変わるほどよく伸びる。

前足

指の数は4本。フードを食べたり、物をつかんだり、毛づくろいするときに使う。

43

ジャンガリアンハムスター

ドワーフ種のジャンガリアンハムスターは、
ゴールデンハムスターと比べて体格が小さいです。
また、臭腺の位置、足の裏の被毛なども
ゴールデンハムスターと異なります。

目

顔のやや横についていて、
人より視野は広くなって
いるが、視力は弱い。

臭腺（しゅうせん）

ドワーフ種はゴールデン
とは違い、おなかの真ん
中と、口の両脇の３カ所
に臭腺がある。
→45ページ参照

耳

ピンと立って、周囲の
音を聞き取る。目がよ
くないハムスターの情
報収集の重要な器官。

ひげ

鼻の横にたくさん生
えているひげで、周
囲に何があるかを
探っている。

しっぽ

短くて、毛におおわ
れている。ジャンガ
リアン、キャンベル、
ロボロフスキーは裏
に毛が生えている。

後ろ足

指の数は５本。後ろ足のみ、つめ
が生えている。ジャンガリアン、
キャンベル、ロボロフスキーは足
の裏まで毛が生えているのが特徴。

頬袋

→45ページ参照

鼻

耳に次いで、周辺
の情報を得る重要
な器官。嗅覚は優
れている。

前足

もともとは５本指だったが、
１本退化して４本に。器用
に物をつかんだり、毛づく
ろいするときに使う。

歯

歯は全部で16本。４本の
前歯（門歯）は一生伸び続
ける。色は黄色っぽい。

臭腺の位置は
ゴールデンとドワーフでは違う

ハムスターはなわばりをアピールするために、臭腺から分泌される液体で、においつけをします。ゴールデンハムスターとドワーフハムスターでは、臭腺の位置が違っています。分泌物の量が多いと、濡れたようになることもあります。分泌物を拭いたり、かたまりをはがす必要はありません。

ココ

● ゴールデンハムスター

腰の左右2カ所
毛が少し薄く、皮膚が黒ずんでいます。

ココ

● ドワーフハムスター

おなかと口の両脇
おなかの臭線は、よくへそと間違われます。
分泌物は無理にはがさないようにします。

2倍近くにもふくらむ頬袋

ハムスターの体の大きな特徴のひとつが、頬袋があること。頬袋は左右別々の袋になっていて、頬から首に沿って、肩甲骨まで続いています。筋肉の組織が薄くてよく伸びるため、多くの食糧を貯め込んで、巣穴まで運ぶことができます。食べ物以外に、巣材なども頬袋に貯めて運びます。ものを貯め込むと、顔の大きさはなんと2倍近くになることも。中のものを取り出すときは、皮膚の上から頬を前足で前方に押し出します。

ゴールデンハムスターの頬袋の収納力は特に高く、両方の頬袋にヒマワリの種を50個ほども詰められるそうです。

ハムスターが感じている世界

人間とはまったく違う、ハムスターの感覚

ハムスターを観察していると、耳をすましているような姿や、鼻をひくひくさせている姿をよく見かけます。彼らは目はあまりよくありませんが、嗅覚と聴覚がとても優れていて、まわりの状況を耳と鼻を使って察知しています。

そのため、大きな音が苦手だったり、強いにおい（香水やタバコの煙）が嫌いだったりします。ハムスターが感じている世界を理解して、彼らが快適に過ごせるように環境を整えてあげましょう。

じっと耳を澄ましているような姿は、よく見られます。

視覚　近眼だけど、暗い場所でも見える

夜行性なので、夜でもものを見ることができます。網膜のほとんどが、明るさを感じる細胞でできているので、暗いところでも見えるのです。しかし近眼なので、見えるのは20cmほど先までです。また立体的にものを見ることは苦手です。

色についても、白と黒の1～2色しか見分けることができないと言われています。ぼんやりとしたモノクロームの世界を、ハムスターは感じているのでしょう。

嗅覚　五感の中で最も優れ、視力の弱さをカバーしている

　視力は弱いハムスターですが、嗅覚はとても鋭いです。よく鼻をひくひくさせて、においを嗅いでいることがありますが、これは嗅覚で安全を確かめたり、食べ物を探したり、仲間がいるかどうかを判断しているのです。ちなみにメスはオスのにおいを嗅いで、結婚相手を選びます。飼い主のことも、においで覚えています。

　自分のにおいにも敏感なので、ケージを掃除したときなどに、においがなくなってしまうと、不安になって落ち着かなくなってしまうこともあります。

　においのついた床材を、少し入れてあげるといいでしょう。

聴覚　超音波を聞き分ける高性能な耳を持つ

　ハムスターは聴力も優れていて、超音波や高周波の音もしっかり聞き分けられます。ピンと耳を立てると、さらによく聞こえるようになります。人間の耳は 20Hz から 20kHz の音を聞けますが、ハムスターは 20kHz 以上の超音波の音も聞き取れます。敏感な聴力で、危険を察知したり、仲間の存在を確認したりしています。

Part 1　ハムスターってどんな動物？　ハムスターの五感

味覚　甘い味が好きで、苦いものは吐き出す

甘いのダイスキ〜♥

苦いのキライ！
ペ…

人間もハムスターも、舌にある味蕾（みらい）という器官で味を感じます。ハムスターはイチゴやバナナなどの甘い果物が大好物ですが、甘みや酸味を感じやすいようです。病院で苦い薬を与えると吐き出すことが多いのに、甘い薬だと喜んでなめ始めることも。また雑食で何でも食べますが、味の好き嫌いがけっこうあるようです。

皮膚感覚　痛みの感覚が鈍いのか、痛そうな様子を見せない

　触覚の刺激は、身体の表面全体で感じます。骨折したり傷があったりしても、ハムスターは平気な顔で動き回っていることが多いのですが、もしかすると痛みをあまり感じていないのかもしれません。

　ただし内臓の痛みは、人間ほどではありませんが感じるようです。おなかが痛いときなどは、苦しそうな表情を見せることも。

痛くないよ〜♪

ポテ…

仲良しになるために知っておきたい
ハムスターの知能・記憶力・感情

ハムスターは自分の名前を覚える？

おうちにハムスターを迎えたら、名前をつけてかわいがってあげたいもの。ハムスターに名前を憶えてもらうのには、どうしたらいいでしょうか？

まずは、食べ物をあげながら名前を呼んでみましょう。繰り返すうちに「〇〇ちゃんと聞こえたときには、いいことがある」と、条件反射で覚えていきます。続けていくうちに、食べ物をあげなくても、名前を呼ぶだけで振り返ってくれるようになることも。

名前をつけるときは、なるべく短いほうが、ハムスターが覚えやすいようです。最初はなるべく同じイントネーションで、ハムスターが聴き取りやすい高めの声で呼ぶのがコツです。すぐには覚えてくれないかもしれませんが、気長に続けてみましょう。

名前を呼ぶことで飼い主さんにもハムスターへの愛情や親しみがわき、よりいい関係を築いていけるはずです。

飼い主さんのことは覚えてくれる？

ハムスターは視力がよくないため、飼い主さんのことは嗅覚と聴覚で覚えています。そのためにも、名前を呼んで、毎日お世話をしてあげたり、手の上に乗る練習をしたりすることで、信頼関係が生まれます。

数日間会わないと、飼い主さんを忘れてしまうハムスターもいるそうです。また飼い主さんが変わっても、ハムスターはあまりストレスを感じないともいわれます。いい関係を築くためにも、短い時間でもかまわないので、毎日コミュニケーションをとることが大事です。

手のにおいや、呼びかける声で、ハムスターは飼い主さんのことを覚えています。

ハムスターの記憶力は
どれくらいあるの？

　動物の知性の指標とされている「脳化指数」という値があります。脳の重さと体重から一定の数式で算出されますが、人間は 0.89 とずば抜けていて、犬は 0.14、猫は 0.12、ウサギは 0.07、ハムスターは 0.04 ほどです。

　この値でいえば、ハムスターはかなり下のランクですが、危険な場所などはしっかり記憶しています。体が小さく、野生では捕食される立場のハムスターは、危険か安全かはよく覚えているのです。

　また、たとえトイレの場所を覚えていたとしても、急に大きな音がしたり、

人になつきやすいタイプ、緊張しやすいタイプといろいろな個体がいます。それぞれのペースに合わせて付き合ってあげることが大事です。

異常を察知すると、そちらに集中してしまい、トイレでしないことがあります。「トイレを覚えているはずなのに、なんで……」と飼い主さんは思うかもしれませんが、ハムスターにとってみればそれは当たり前の反応。

　基本的にハムスターは本能に従って生きています。その特性を理解してあげましょう。

ハムスターには
感情はあるの？

　同じげっ歯目の仲間のモルモットに比べると、ハムスターは感情がわかりやすい動物です。

　しかしハムスターの感情は人間のように複雑なものではなく、「危険か安全か」が基準。安全なときはリラックスしていますが、危険を察知すると飼い主さんのことも威嚇することがあります。

　なるべくハムスターが安心して、リラックスした気分で暮らせるようにしてあげましょう。

安心して過ごせる環境を整えてあげることで、ハムスターは「安心＝リラックス」できます。

ハムスターを迎える準備をしよう

ハムスターと快適に暮らす
３つのポイント

ハムスターをおうちに迎える前に、どんな準備が必要かを
チェックしておきましょう。
必要なお世話や、ならし方のコツを知っておくと安心です。

Point 1

ハムスターの「食」「住」「健康管理」が大切

　ハムスターはケージの中で生活するので、忙しい飼い主さんでも飼いやすく、無理なく一緒に暮らせます。とはいえ、必要なお世話を毎日きちんとすることが、ハムスターの健康を守るうえではとても大事です。栄養バランスのとれた食事、快適に暮らせる住空間、そして日々の健康管理をしっかりしましょう。

居心地のいい
おうちを用意してね

「食」のポイント
　➡ 詳しくは Part 5

　毎日、新鮮なペレットと水をあげる。野菜や果物、種子などはおやつとして控えめに。

「住」のポイント
　➡ 詳しくは Part 3

　ケージの中は、いつも清潔に保ってあげて。月に１回を目安に大掃除を。

「健康管理」のポイント
　➡ 詳しくは Part 6

　毎日よく観察して、病気のサインを見逃さないで。異変があったら、動物病院へ。

ハムスターが安心して過ごせるように、
環境を整えてあげましょう。

Point 2
少しずつ
ならしていこう

ハムスターは野生では捕食される立場にあるので、警戒心が強く、中にはなかなかなれてくれない個体もいます。すぐにさわったり、手乗りにしたりしたいと思うかもしれませんが、あせりは禁物。ハムスターが飼い主さんのことを安心できる存在だとわかるように、やさしく接してあげましょう。そして少しずつならしていきましょう。

手乗りになるまでの期間は、個体差があります。
信頼関係を築くことがまずは大事。

それぞれの
個性を理解して
ほしいな

Point 3

ハムスターの個性を
理解してあげよう

品種によって、もって生まれた性質には違いがあります。ゴールデンハムスターは人なつこくて、ドワーフハムスターは警戒心が強く、人になれにくい傾向があります。しかし個体差も大きいので、ゴールデンなのに人になれにくいこともあります。自分が一緒に暮らすハムスターの個性を理解して、無理に手乗りにしようとしたり、しつこく構いすぎたりするのはやめましょう。

自分の目で見て選ぶことが大切

 ## 信頼できるお店から入手しよう

ハムスターは人気のペットなので、小動物専門店、ペットショップ、ホームセンターなどいろいろな場所で入手できます。できればハムスターに詳しいスタッフのいるお店を選び、自分の目でしっかり見て選んで、お気に入りのハムスターを迎えましょう。

またそのお店での飼育環境が適切か、ハムスターが健康かを確認することも大事です。飼育についての不安や疑問などは、何でも店員さんにたずねてみましょう。飼育グッズやフードなどをいろいろ売っている店なら、必要なものをすぐに買えて便利です。

自分の目で確かめて、お気に入りのハムスターを探しましょう。

check!

いいお店を見分けるポイント

何でも聞いてください！

ピカ ピカ

グッズもフードもいろいろあるよ！

❶ ハムスターに詳しい店員がいる
　ハムスターの品種による特徴、選び方、そして飼い方の相談ができるお店だと安心です。

❷ ケージやお店の中が清潔
　店内はもちろん、ハムスターが飼われているケージの中がきちんと掃除されているかなどをチェック。

❸ 扱っているグッズやフード類が豊富
　いろいろな飼育グッズやハムスター用のフードを扱っていると、必要なものを飼いたいときに便利です。

個人から譲り受ける方法もある

　お店で入手する以外に、ブリーダーや里親を探している人などから譲り受ける方法もあります。ハムスターを飼っている知人がいたら、その人から赤ちゃんを分けてもらう方法もあります。飼育経験のある人から譲ってもらえば、飼い方でわからないことなどにも相談にのってもらえるかもしれません。

　インターネットなどで"里親募集"もよく行われています。これを利用する場合は、事前に自分の目で見て、どんなハムスターなのかを確認してから迎えたほうが安心です。受け渡しの方法も、きちんと確認しておきましょう。

ハムスターの赤ちゃんは一度に数匹が生まれてきます。

迎える時期は、気候が穏やかな春や秋がおすすめ

　ハムスターは厳しい暑さや寒さが苦手。生まれて日が浅い子どものハムスターは、夏や冬に体調をくずすおそれがあります。寒暖の差が少なく、気候が安定している春や秋は温度管理もしやすいので、飼い始めるならこの時期がおすすめです。

きもちいい・・・
春や秋がおすすめ

✓ 譲ってもらう前に確認

パパはおとなしい
ママはおてんば
ボクはどっち似？

☐ **ハムスターの種類は？**

　ハムスターの種類、毛色などを聞いておきましょう。わかれば性別も確認。

☐ **生後、どのくらい？**

　生後1カ月半〜2カ月くらい経つと体つきもしっかりしてくるので、これくらい経ってから譲ってもらうようにしましょう。

☐ **親ハムの性格や特徴**

　譲ってもらう予定の子ハムの父親や母親の性格や特徴を聞いておくと、参考になります。

お気に入りのハムスターを選ぶ5つのポイント

 ## どんなつきあい方をしたいかを考えて選ぼう

ハムスターを選ぶには、いくつかのポイントがあります。体の大きさが違えば、飼育に必要なスペースも違ってきます。またふれ合いたいのか、見て楽しみたいのかによっても、適したハムスターの種類は変わってきます。

お店に見に行く前に、ここで紹介する5つのポイントを参考に、どんなハムスターが自分にピッタリなのかを事前に考えておくといいですよ。

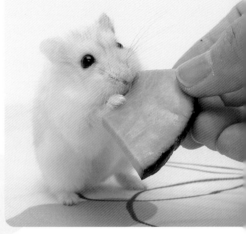

ハムスターと仲良しになれるように、個性を理解してあげましょう。

体の大きさで選ぶ

→ 必要なケージのサイズなどが変わってくる

ゴールデンハムスターの体長は、ドワーフハムスターの約2倍、体重は3倍近くあります。そのため、必要なケージも

ゴールデンの場合、より広いものが必要になります。家の中にそれだけのスペースが作れるか、事前に考えておきましょう。

ゴールデンハムスター

●体長 … 約18〜19cm
●体重 … 85〜150g

40cm×30cm、高さ25cmくらいの広さがあるケージが必要です。

ドワーフ／ジャンガリアンハムスター

●体長 … 約6〜12cm
●体重 … 30〜45g

35cm×30cm、高さ20cmくらいのケージで大丈夫です。

2 一緒に遊べるか、鑑賞用かで選ぶ

→ 手乗りにしたいならゴールデンかジャンガリアン

　種類によってある程度、性質に差があるので、それぞれの品種の基本的な性質を理解しておきましょう。ゴールデンとジャンガリアンは人になれやすいので、手乗りにすることもできます。

　またジャンガリアンとキャンベルは外見はよく似ていますが、キャンベルのほうが人になれにくく、かみグセがある場合も多いようです。個体差は大きいのですが、選ぶときにはそれぞれの種類の性質を理解しておくといいですよ。

ふれ合って遊びたい！

ジャンガリアンハムスター
ドワーフの中では比較的人になれやすく、手乗りにもしやすい。

ゴールデンハムスター
おっとりした性格の個体が多く、人になれやすく、小さい頃からならしていけば、手乗りにもなる。

見て楽しみたい！

ロボロフスキーハムスター
動きが敏捷で、デリケートなので、一緒に遊ぶのには不向き。小さくて愛らしいので、鑑賞用におすすめ。

キャンベルハムスター
警戒心がやや強く、人になれにくい場合も。カラーバリエーションが豊富で、毛色を楽しめる。

チャイニーズハムスター
やや警戒心が強いので、観賞用に向いている。時間をかければ人になれることもある。

3 オスかメスかで選ぶ

➡ 性別によって、性質に違いがある

オスとメスでは、なわばりの中で担っていた役割が異なるため、性質にも多少の違いがあります。オスはなわばり意識が強く、好奇心旺盛ですが、ストレスを感じやすい傾向があります。またメスは新しい環境になれるのが早く、ストレスにやや強く、気が強い傾向があります。しかしこれも個体差が大きいので、あまり気にしなくても大丈夫です。

新しい家
ちょっと不安だな♪

私は
平気よ！

4 カラーや毛質で選ぶ

➡ ゴールデンやキャンベルは毛色が豊富

毛色は品種によってさまざま。特にゴールデンハムスターは短毛種のほかに長毛種のものもいて、バリエーションがとても豊富です。

ドワーフの中では、キャンベルハムスターがカラー豊富です。ジャンガリアンハムスターも、プディングやパイドといっためずらしいカラーの個体が販売されていることがあります。お店のホームページなどでどんなカラーのハムスターがいるかをチェックして、実際に見に行って決めるといいでしょう。

ドミノ トリコロール（長毛種）

キンクマ

ゴールデンハムスターは
カラーが豊富

ダルメシアン

ミルキー（長毛種）

5 多頭飼いができるかで選ぶ

→ 基本は1匹飼い。多頭飼いできるのはロボロフスキー

ハムスターは体も小さいので、何匹かを一緒に飼うのは簡単では？　と思うかもしれませんが、そうではありません。なわばり意識がとても強く、野生では1匹につき1つの巣穴をもちます。そのため、1匹で飼うのがハムスターにストレスが少なく、おすすめです。ただしロボロフスキーは、子どもの頃から一緒に飼うなどして、相性がよければ多頭飼いができる場合もあります。

→多頭飼いの注意点は67ページ参照

ロボロフスキーは多頭飼いができますが、ケンカしたりしないかよく様子を見てあげましょう。

本当の性格や個性は、飼っているうちにわかってくる

品種や性別の違いによって、大まかな性質には特徴があります。しかし本当のそのハムスターの性格や個性は、一緒に暮らしているうちにだんだんわかってくるものです。同じゴールデンハムスターでも飼い主さんにすぐになつく個体もいれば、マイペースな個体もいます。つき合いながら、自分のおうちに来てくれたハムスターの個性を理解していくことが大事です。そしてそれぞれのハムスターに合った接し方をすることが仲良く暮らす秘訣です。

健康なハムスターの見分け方

 ## 活発になる夕方以降に会いに行こう

ハムスターは夜行性の動物です。そのため昼間は巣箱の中で寝ていることが多いので、お店に見に行くのは夕方以降がいいでしょう。まずはケージの外から、ハムスターの様子をよく見てみましょう。動きや表情はいいか？やせていないか？ 毛づやはいいか？などをチェックしましょう。

健康状態を
さらに詳しくチェック

「このハムスターがいい」という候補を見つけたら、お店の人にケージから出してもらって、体の各部位をチェックしましょう。右ページのチェックポイントを参考に、元気なハムスターを選びましょう。気になることがあれ

ハムスターが元気に遊んでいる時間帯に、お店に見に行くようにしましょう。

ば、遠慮なくお店のスタッフに質問を。またお世話をしているお店の人だからこそわかるふだんの様子や、そのハムスターの性格なども聞いておくと参考になります。

 check!

健康状態の確認のしかた

●外側から、動きや毛づやなどをチェック

食欲があり、やせていない、毛づやのいい個体が理想的です。何匹か候補のハムスターがいたら、体がひとまわり大きいコを選ぶといいでしょう。

●できれば実際に手でさわってみよう

お店の人に聞いてみて OK なら、手のひらを近づけてみましょう。ただし、あまりにおとなしく手に乗っている場合は、具合が悪い可能性もあります。

元気なハムスターを選ぶチェックポイント

できればハムスターを手に持たせてもらい、自分の目でチェックしましょう。
おしりはハムスターをひっくり返さないとわからないので、
お店の人にやってもらったほうがいいでしょう。

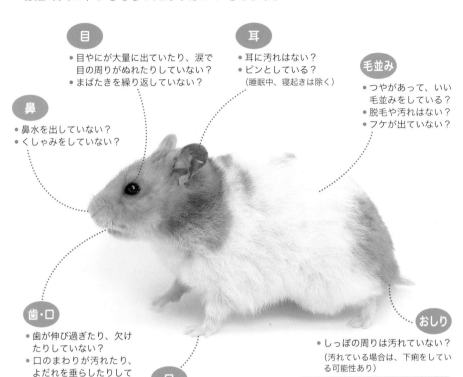

目
- 目やにが大量に出ていたり、涙で目の周りがぬれたりしていない？
- まばたきを繰り返していない？

耳
- 耳に汚れはない？
- ピンとしている？（睡眠中、寝起きは除く）

毛並み
- つやがあって、いい毛並みをしている？
- 脱毛や汚れはない？
- フケが出ていない？

鼻
- 鼻水を出していない？
- くしゃみをしていない？

歯・口
- 歯が伸び過ぎたり、欠けたりしていない？
- 口のまわりが汚れたり、よだれを垂らしたりしていない？

足
- 爪が伸びすぎていない？
- 指は前足4本、後ろ足5本そろっている？

おしり
- しっぽの周りは汚れていない？（汚れている場合は、下痢をしている可能性あり）

その他、選ぶときはここも Check！

☐ **生後何カ月か？**

　赤ちゃんの中には、生まれつき体の弱い個体もいます。生後1カ月くらいで体の状態も安定してくるので、生後1カ月半以上の個体を入手するようにしましょう。

☐ **性別は？**

　小さいうちは性別が不明なことも多いですが、性別もわかれば確認しましょう。

61

おうちに迎える準備 チェックリスト

飼うことを決めたら、準備をしっかりと

ハムスターをおうちに迎える前に、準備をしっかりしておきましょう。家族がいる場合は、自分以外の人にも「ハムスターと暮らす」ことを理解してもらい、必要なときには協力もしてもらうことが大切です。

家の中のどこにケージを置くかなども考えて、必要なグッズをそろえましょう。

➡必要なグッズについては Part3 へ

迎える前のチェックリスト

☐ **毎日きちんとお世話できる？**

ハムスターには1日1回、フードや水の交換や、ケージの中の簡単な掃除などのお世話が必要です。お世話にいい時間は、ハムスターが活発になる夕方以降。自分で毎日できるか？　できないときは、どうするか？　などを考えておきましょう。

飼い主さんの心の準備を、お忘れなく！

☐ **家族がいる場合、同意は得られている？**

家族みんなにハムスターを迎えることを理解してもらい、お世話なども協力してもらえるか確認しておきましょう。

☐ **ハムスターの毛や、ウッドチップなどにアレルギーはない？**

ハムスターの毛や、床材に使うウッドチップなどが、アレルゲンとなることがあります。心配な人は、飼う前にアレルギー検査をしましょう。

住環境の準備のチェックリスト

必要なグッズは
そろっている？

　ハムスターが暮らすうえで必要なケージ、床材、トイレ、フード入れ、給水ボトル、回し車などをそろえて、すぐに迎えられるように準備しておきましょう。

家の中の
どこで飼う？

　ハムスターのケージは、体の大きなゴールデンハムスターの場合、幅40cm×奥行30cm、高さ25cm程度の広さが必要です。これを家の中のどこに置くのか？　そこはハムスターの飼育に適した場所なのか？　などをよく考えておきましょう。

エアコンなどで、きちんと
温度管理はできる？

　ハムスターは蒸し暑い夏や、寒さの厳しい冬が苦手です。ハムスターのケージを置く部屋は、エアコンで温度管理できることが必須です。

先住ペットとの
すみ分けはできる？

　犬や猫などのペットを先に飼っている場合は、飼育するスペースを完全に分ける必要があります。無理なく飼えるかどうか、考えておきましょう。

 ここに注意 ## 子どもが飼いたがってハムスターを迎える場合は…

　ハムスターは子どもたちにも人気のペット。子どもに「ハムスターを飼いたい！」とせがまれて飼い始めるときは、年齢に応じてできる範囲でお世話をさせましょう。またふれあう時間を決めて、ハムスターにかまいすぎてストレスを与えないように、つき合い方のルールも親子で決めておくといいでしょう。

➡ 詳しくは128～129ページ

ゆっくり新しい環境に ならしていこう

 ## 最初の1週間はそっと見守ってあげて

ハムスターを家へ連れて帰るのは、夕方がおすすめ。夜行性なので、夕方から元気が出てくるからです。家に着いたら、まずはケージの中に入れて、しばらく様子を見ましょう。新しい環境になれるまで個体差はありますが、数日はかかることが多いものです。

家に迎えてから1週間は、ハムスターを新しい環境にならす時期。ふれ合いたい気持ちはこらえて、まずは「ここは安全な場所」ということを覚えてもらいましょう。

あせらず、少しずつ仲良しになってね！

ハムスターを こわがらせないための心得

●急にさわろうとしない

緊張しているハムスターを急にさわろうとすると、かみついてくることも。最初の数日間はさわらないようにしましょう。

●大きな声で話しかけない

音に敏感なので、大きな声で名前を呼んだりすると、ビックリしてしまいます。

●落ち着かなければ、暗くしてあげて

落ち着かないようだったら電気を消すか、ケージを黒っぽい布などで覆い、静かな場所に置きましょう。

最初の1週間の過ごし方

新しい家にやってきたハムスターは、緊張から体調を崩してしまうことも。
様子を見ながら少しずつならしていきましょう。

1日目
かまわず、そっとしておく

そ〜っと…

あらかじめケージの中にフードや水を用意しておき、ハムスターを中に入れます。体調が悪くなっていないか時々チェックするくらいで、あとはかまわずそっとしておきましょう。

2〜3日目
最低限のお世話をして、様子を見る

おいしい？

ハムスターにかまうのはまだ我慢。フードや水の交換、オシッコで汚れた床材を取り除くくらいで、最低限のお世話だけにしましょう。少しなれてくると、ケージの中を探検したり、回し車を回し始めるハムスターも。

4〜6日目
フードを手渡しして、人になれさせる

ケージの中に手を入れたとき、ハムスターが逃げなければ、フードを手に持って与えてみましょう。飼い主さんのにおいを覚えて、少しずつなれてきます。逃げるようなら無理せず、フード入れに入れておきましょう。

1週間〜
手で持つことにチャレンジ

フードを置く場所を少しずつ手の中央に移動させていき、ハムスターがこわがっていないようなら、両手でそっと抱っこしてみましょう。こわがっていなければ、手の上でフードを食べさせてみましょう。あせらず、少しずつ仲良しになりましょう。

単独で飼う？ 複数で飼う？

初めて飼うなら、1匹飼いがおすすめ

ハムスターは体が小さいので、複数飼いが簡単にできると思っている人も多いかもしれません。しかしなわばり意識が強い彼らの性質を考えると、複数飼いより1匹飼いのほうが、ストレスはありません。仲間がいなくても、さみしいということはありません。

また初めてハムスターを飼う場合は、お世話の仕方やハムスターとのコミュニケーションの取り方などを、なかなかすぐには身につけられないものです。まずは1匹飼いをして、飼い主さんとしての自信がついてから、複数飼育にチャレンジしたほうが安心です。

複数のハムスターがいると、それぞれの個性が楽しめておもしろいです。しかし飼育になれていないとお世話に手間がかかります。

ロボロフスキーは複数飼育が比較的しやすい

ロボロフスキーは、何匹かをいっしょに飼うことができます。ただし子どもの頃から一緒に飼い始めることが肝心です。大人になってからいっしょに飼っても、うまくいかないことが多いようです。相性をよく見て、けんかするようなら別々のケージで飼いましょう。

複数飼いでも、できれば1匹に1つのケージを用意

複数飼いは健康管理に注意が必要です。どれか1匹が病気になったら、すぐに別のケージに移す必要があります。複数のハムスターを飼う場合、スペース的に余裕があるなら、最初から1匹に1つのケージを用意しておいたほうが安心かもしれません。

種類別 **複数飼いのしやすさの比較**

なわばり意識が強いゴールデンハムスターは、複数飼育に向きません。
ロボロフスキーは、相性をよく見てあげることが大事です。

× **ゴールデンハムスター**
　なわばり意識が強く、野生でも単独で生活しているので、複数飼いには向いていません。

○ **ロボロフスキーハムスター**
　複数で飼うのに、いちばん向いています。ただし赤ちゃんを増やすのは難しいです。

△～× **ジャンガリアンハムスター**
　相性がいい個体どうしなら複数で飼える場合もありますが、単独飼育のほうが安心です。

 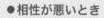check!

こんなときは一匹飼いにしよう

●**オスとメス**
　繁殖力が強いので、いっしょのケージで飼っているとどんどん赤ちゃんが増えてしまいます。基本的にオスとメスは別々のケージで飼いましょう。

●**相性が悪いとき**
　ハムスター同士のケンカが致命傷になることがあります。急に仲が悪くなることもあるので、様子をよく見て、少しでもケンカするようなら、別居させたほうがいいでしょう。

●**体調をくずしたとき**
　下痢をしている、鼻水が出ているなど体調に異変がある場合、ほかのハムスターに病気がうつる危険があります。体調をくずしたらすぐに、別のケージに移すようにしましょう。

ほかのペットが いるときの注意点

 住空間を分けて、お互いが安心できるようにする

ハムスターは野生の世界では捕食される動物で、常に外敵に狙われています。そのため、犬や猫と同じ空間にいることは、大きなストレスになります。小さな小鳥でも、ハムスターにとっては外敵の一種。やはり同じ部屋では飼わないほうがいいでしょう。

ハムスターを迎える前からほかのペットを飼っているなら、犬や猫が過ごす部屋とは別の部屋にハムスターのケージを設置する場所を作るようにしましょう。

ハムスターが安心して過ごせるように、ケージはほかのペットが入ってこない部屋に設置しましょう。

 ハムスターと他の動物が共通してかかる病気

ハムスターの病気には、ほかの動物と共通のものもあります。犬や猫、小鳥などはもちろん、人間にうつることもあります。パスツレラ症、皮膚糸状菌症、レプトスピラ症、疥癬（かいせん）、ジアルジア症、ノミ、サルモネラ菌などがあります。ハムスターと他の動物が接触することでうつる可能性があるので、注意して。

ハムスターと他のペットの
相性を チェック

犬や猫が
近くにいると、
こわいよ～

ブル
ブル

犬 と ハムスター

好奇心旺盛な犬が
近づかないように注意

　しつけがきちんとできている犬なら、ハムスターがいる部屋に勝手に入ったりしないでしょう。ただし好奇心旺盛な犬は、ハムスターの近くに行ってみたがるかもしれません。接触しないように注意しましょう。

猫 と ハムスター

ハンターと獲物の関係なので
接触は厳禁

　猫とハムスターは、ハンターと獲物の関係。ハムスターはネズミの仲間なので、猫にとっては格好の獲物になります。猫がハムスターのいる部屋に入れないように、鍵をかけるなど、安全対策を徹底しましょう。

何が
いるのか
な？

小鳥 と ハムスター

何かな？

お互いにストレスを
感じないような工夫を

　猛禽類や大型の鳥でなければ、ハムスターを襲うことはありません。むしろ小鳥はハムスターが苦手で、本能的に嫌います。ハムスターも小鳥の鳴き声やにおいがストレスになることがあるので、ケージは離れた場所に置くようにしましょう。

ハムスターとより仲良しになるための
飼い主さんの タイプ診断

Q1〜Q20の質問になるべく「**はい**」か「**いいえ**」で答えてください。
「**どちらでもない**」を選ぶと、タイプが曖昧になります。

Q1
人から
頼まれたことは
断れない

- ☐ ……はい
- ☐ ……いいえ
- ☐ ……どちらでもない

Q2
友達に
おめでたいことがあると、
心から喜べる

- ☐ ……はい
- ☐ ……いいえ
- ☐ ……どちらでもない

Q3
感情がすぐに、
顔に出るほうだ

- ☐ ……はい
- ☐ ……いいえ
- ☐ ……どちらでもない

Q7
好きなことを
始めると、
時間を忘れる

- ☐ ……はい
- ☐ ……いいえ
- ☐ ……どちらでもない

Q8
人前で話すときは、
きちんと内容を
考えておきたい

- ☐ ……はい
- ☐ ……いいえ
- ☐ ……どちらでもない

Q9
待ち合わせの
5分前には
到着している

- ☐ ……はい
- ☐ ……いいえ
- ☐ ……どちらでもない

Q13
自分は
頑固なほうだ

- ☐ ……はい
- ☐ ……いいえ
- ☐ ……どちらでもない

Q14
人の悩みは
親身になって
聴くことが多い

- ☐ ……はい
- ☐ ……いいえ
- ☐ ……どちらでもない

直感的に
答えてね

Q18
「正義感が強い」と
よく言われる

- ☐ ……はい
- ☐ ……いいえ
- ☐ ……どちらでもない

Q19
欲しいものは、
すぐ入手したい

- ☐ ……はい
- ☐ ……いいえ
- ☐ ……どちらでもない

ハムスターの個性をわかってあげることと同じように、
自分がどんなタイプかを飼い主さんが理解しておくことは
大事です。簡単な心理テストで、チェックしてみましょう！

Q 4

慎重に計画を
立ててから、
行動したい

- □ …… はい
- □ …… いいえ
- □ …… どちらでもない

Q 5

自分の考え方に
自信がある

- □ …… はい
- □ …… いいえ
- □ …… どちらでもない

Q 6

子どもやペットの
お世話は、
しっかりしたい

- □ …… はい
- □ …… いいえ
- □ …… どちらでもない

Q 10

街で道を
聞かれたら、
親切に教えてあげる

- □ …… はい
- □ …… いいえ
- □ …… どちらでもない

Q 11

「すごい！」「わぁ！」
などの言葉を
よく使う

- □ …… はい
- □ …… いいえ
- □ …… どちらでもない

Q 12

仕事や勉強は
段取りよくやりたい

- □ …… はい
- □ …… いいえ
- □ …… どちらでもない

Q 15

ズケズケものを
言ってしまう
ことがある

- □ …… はい
- □ …… いいえ
- □ …… どちらでもない

Q 16

他人の意見は冷静に
受け止めてから
判断する

- □ …… はい
- □ …… いいえ
- □ …… どちらでもない

Q 17

順番を守れない
人がいると、
注意してしまう

- □ …… はい
- □ …… いいえ
- □ …… どちらでもない

Q 20

体調が悪いときは
すぐ休む

- □ …… はい
- □ …… いいえ
- □ …… どちらでもない

あなたは
どのタイプ
？

➡ 診断は次のページで !!

あなたは
どんな飼い主さん？

質問の番号と同じ番号の解答欄に、
点数を記入してください。

- ☑ はい ……………… ▶ 2点
- ☑ いいえ …………… ▶ 0点
- ☑ どちらでもない … ▶ 1点

タイプ A	タイプ B	タイプ C	タイプ D
Q1　　　　点	Q2　　　　点	Q3　　　　点	Q4　　　　点
Q5　　　　点	Q6　　　　点	Q7　　　　点	Q8　　　　点
Q9　　　　点	Q10　　　点	Q11　　　点	Q12　　　点
Q13　　　点	Q14　　　点	Q15　　　点	Q16　　　点
Q17　　　点	Q18　　　点	Q19　　　点	Q20　　　点
合計　　　点	合計　　　点	合計　　　点	合計　　　点

?

あなたは
どのタイプの
飼い主さん？

一番点数が多かったタイプが、
あなたのタイプ！

72

タイプ別 診断結果 & アドバイス

タイプ A

頼りがいがある リーダータイプ

責任感が強く、頼れる飼い主さんです。ただし思い通りにいかないと「どうしてこのコは手乗りにならないの！」などと、ハムスターにいら立ってしまうことも。

ボクの手の上に来るんだ!!
エ〜ヤダ〜

より仲良しになるために

思い通りにならないときも、怒ったりしないで。自分のハムスターの個性を理解してあげることを心がけて。

タイプ B

優しい存在 お母さんタイプ

母性本能が強く、お世話をしっかりしてあげるタイプ。ただし少し心配症で、ちょっと気になることがあるとすぐに病院に連れていったり、過保護になってしまう傾向も。

ごはん食べた？いつもより食べてない？
ママ心配しすぎ…

より仲良しになるために

かまいすぎや過保護は、ハムスターのストレスになることも。少し距離をもって、見守ってあげることも大切です。

タイプ C

楽しく遊びたい！ 友だちタイプ

興味のあることは追及しますが、興味がないことは放置する傾向も。夜行性なのに昼間にハムスターを起こして無理やり遊んだりしてしまうことも。

え〜ねむいよ〜
朝だ!!遊ぼうよ〜

より仲良しになるために

ハムスターとの遊びも大事ですが、ケージの掃除やフード、水の交換などの基本的なお世話は毎日しっかりやりましょう。

タイプ D

感情的にならない 理論派タイプ

論理的、科学的に物事を分析します。ハムスターの状態も感情的にならずに理解してあげられます。ただし飼育書に書いてあるとおりでないと、気になってしまうことも。

フム フム ハムスターの生態とは‥

より仲良しになるために

ハムスターには個体差があります。自分のハムスターの個性を理解してあげると、よりいい関係が築けます。

自分のタイプを理解して、ハムスターとより仲良しになりましょう！

アジア、ヨーロッパなどが生息地
野生のハムスターの分布とそのルーツ

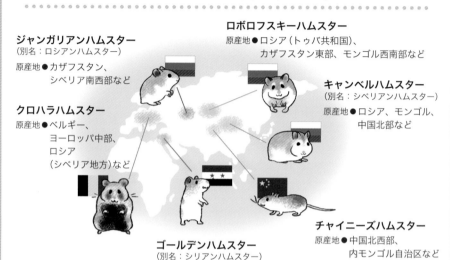

ジャンガリアンハムスター
（別名：ロシアンハムスター）

原産地●カザフスタン、
　　　　シベリア南西部など

ロボロフスキーハムスター
原産地●ロシア（トゥバ共和国）、
　　　　カザフスタン東部、モンゴル西南部など

キャンベルハムスター
（別名：シベリアンハムスター）

原産地●ロシア、モンゴル、
　　　　中国北部など

クロハラハムスター
原産地●ベルギー、
　　　　ヨーロッパ中部、
　　　　ロシア
　　　　（シベリア地方）など

チャイニーズハムスター
原産地●中国北西部、
　　　　内モンゴル自治区など

ゴールデンハムスター
（別名：シリアンハムスター）

原産地●シリア、レバノン、イスラエルなど

ユーラシア大陸の広い範囲に生息している

　野生のハムスターは、中国、モンゴルなどのアジアから、ロシア、シベリア、ヨーロッパにかけて、広範囲に生息しています（上の地図参照）。

　ゴールデンハムスターは、シリア、レバノン、イスラエルなどの西アジアから中東にかけて生息するため、別名"シリアンハムスター"と呼ばれています。またジャンガリアンは"ロシアンハムスター"、キャンベルは"シベリアンハムスター"というように、それぞれの原産地にルーツをもつ別名がつけられています。

　乾燥した地帯が故郷のハムスターたちは、日本の梅雨から真夏にかけての蒸し暑さは苦手です。ペットとして暮らしても、その性質は変わりません。

日本に初めて来たのは歯の研究のため

　ハムスターが人間に飼われるようになってから、実はあまり年月が経っていません。初めてハムスターの記録が文献に登場したのは、1797年のこと。その後、1839年にロンドンの学者ジョージ・ウォーターハウス氏が、標本を学会に提出し、実際にどんな姿かたちの動物かがわかるようになったのです。

　その後、パレスチナの動物学者アハロニ教授が、シリアで捕獲したハムスターの交配に成功しました。その子孫の一部がイギリスへ持ち込まれ、一般の人にも飼われるようになりました。

　日本へやって来たのはそのかなり後で、1939年にアメリカから実験動物として入ってきました。最初は歯の研究に活用されたそうです。

快適なおうちを準備

住みやすい空間をつくる
3つのコツ

ハムスターはケージの中で過ごすので、
快適に暮らせる空間をつくってあげましょう。
彼らの習性や本能に合った環境にしてあげることが、
いちばん大事です。

コツ1
体の大きさに合った
ケージやグッズを用意

　ハムスターの家の基本となるケージは、
十分な広さがあるものを選びましょう。
ゴールデンハムスター、ドワーフハムス
ターで、最低限必要な広さは違ってきま
す（87ページ参照）。

　また巣箱やフード入れ、回し車などの
グッズも、ゴールデン用、ドワーフ用で
サイズが異なるものがあります。体の大
きさに合ったものを準備しましょう。

コツ2
本能や習性に
合ったグッズを

　野生のハムスターは、土の中に巣穴を
掘り、その中で生活します。ペットのハ
ムスターも、本能や習性に合った環境を
整えてあげることで、長く健康に暮らす
ことができます。

　見た目のかわいさなどに目がいきがち
ですが、それぞれのグッズのメリット、
デメリットを理解し、ハムスターにとっ
て最適なグッズを選んであげましょう。

体がすっぽり入る巣箱は、
巣穴に隠れて暮らすハム
スターには必需品です。

コツ **3**

基本のグッズから様子を見て増やしていこう

快適なおうちを
準備してね〜♪

　ペットショップの店頭やネットショップでは、いろいろなハムスター用グッズが販売されています。いろいろなグッズを用意してあげたくなるかもしれませんが、最初は下のリストにある「基本グッズ」があれば OK です。おもちゃやかじり木などは、様子を見ながら増やしていきましょう。

最初にそろえたい 基本グッズ

1 **ケージ**
（プラケース、水槽、金網）
2 **床材**
3 **巣箱**
4 **トイレ・トイレ砂**
5 **フード入れ**
6 **水入れ**
7 **回し車**

必要に応じて 追加したいグッズ

- おもちゃ（トンネルなど）
- かじり木
- キャリーケース
- 温度計・湿度計
- 体重計
- 防寒・防暑グッズ

最初にそろえたい
基本グッズ

ケージ

水槽、金網、プラケースから、最適なものを選んで

　ハムスターのマイホームになるケージには、大きく分けて、水槽タイプ、金網タイプ、プラケースタイプの3種類があります。それぞれメリット、デメリットがあるので、よく違いを理解して選びましょう。また十分な広さがないと運動不足になってしまうので、87ページを参考にして、体の大きさに合ったものを選びましょう。

　気温が高く湿度の高い梅雨時から夏にかけては金網ケージ、寒さが気になる冬場は水槽やプラケースタイプのケージというように、季節によって使い分けてもいいでしょう。

安全性が高く、暖かく過ごせる
水槽タイプ

　水槽タイプの最大のメリットは、ハムスターがかじったり、よじ登ったりできないので、安全性が高いこと。価格がお手頃で軽くて扱いやすいプラスチック製は、初めてハムスターを飼う人におすすめです。ガラス製は少し高価ですが、頑丈で安定性があり、インテリアとしても見栄えがいいというメリットがあります。

　また水槽タイプは床材やハムスターの抜け毛などが外に散らばらないので、アレルギーが気になる人にも向いています。

メリット

- 脱走しにくく、ケガをする危険が少ない
- かじって歯を傷める心配がない
- 外からの音があまり入ってこない
- 床材がケージの外に散らばらない

デメリット

- 風通しが悪く、湿気やにおいがこもりやすい
- 夏は暑くなり過ぎる
- ガラス製のものは、重くて移動や掃除が大変

風通しがよく、暑い夏でも快適
金網タイプ

　メッシュタイプの金網ケージは通気性がよく、蒸し暑い梅雨時や真夏でも快適に過ごせます。ただしよじ登って落下してケガをしたり、かじって歯を傷めたりすることがあります。扉を器用に開けてしまうことがあるので、脱走しないようにナスカンなどでしっかりロックしておきましょう。

メリット

- 風通しがよく、湿気がこもらず、夏でも快適
- 軽量なので、持ち運びや掃除がしやすい
- 扉が側面についていて、お世話しやすい

デメリット

- 金網をかじって、歯を傷めることがある
- よじ登って、落下することがある
- 床材がケージの外に散らばりがち
- 外部からの音が中に届きやすい
- 風通しがいいので、冬場は寒い

広いスペースが確保でき、拡張性が高い
プラケースタイプ

　大型の衣装ケースなどのプラケースを、ハムスターのケージに使うこともできます。軽くて、扱いやすく、しっかりふたを閉めておけば、脱走の心配もありません。また広いので、ハムスターが運動不足になりにくいというメリットもあります。

メリット

- 脱走しにくく、ケガをする危険が少ない
- 広いスペースを用意できる
- 温度の急激な変化を受けにくい
- 外からの音があまり入ってこない

デメリット

- 上部を網にするなど、改造の手間がかかる
- 風通しが悪く、湿気がこもりやすい
- 扉が上にあるので、お世話がしにくい

2 床材

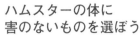

ハムスターのおうち
には、たっぷり床材
を入れてあげて。

ハムスターの体に
害のないものを選ぼう

ハムスターは野生では地面を掘って、巣穴を作って暮らしています。また冬になると寒さをしのぐために、草や葉っぱを巣穴の中に運んできて、その中にもぐって体を温めます。ペットのハムスターも、掘ったり、もぐったりできるように、床材をたっぷり入れてあげましょう。

床材は市販されているウッドチップ、ペーパーチップ、牧草のほか、新聞紙やキッチンペーパーなどの家にあるものを使ってもかまいません。ただしアレルギーがあるハムスターや、床材を食べてしまうハムスターもいるので、慎重に選びましょう。

市販の床材

ウッドチップ

杉や松の木材を細かくしたもので、食べても安全。ただしアレルギーを起こす場合もあるので注意。

ペーパーチップ

アレルギーの心配がなく、吸水性もいい。尿の色の変化や出血などの異常にも気づきやすい。軽いのでかき心地が物足りなくて、足の爪が伸びやすくなることも。

牧草

食べても安全。ただし吸水性がほかの床材に比べると悪く、排泄物で汚れがちになることも。

家にあって使えるもの

新聞紙

細かく刻んで使う。保温性があるが、白っぽいハムスターはインクで被毛が黒くなることがある。

キッチンペーパー

ちぎって使う。吸水性がよく、尿の色の異変などに気づきやすい。ただし床材を食べてしまうハムスターには不向き。

ここに注意 こんなものは床材に使わないで

ティッシュペーパーは吸水性がよいけれど薄いので、ハムスターが口に入れたときにほお袋に貼り付くことがあり、食べてしまうと胃腸に詰まる危険があります。また土は自然に近いのでいいように思うかもしれませんが、細菌が繁殖しがちで、衛生面に問題があります。タオルなどの布や綿も、足をひっかけてケガをしたり、食べてしまうと腸閉塞を起こしてしまったりするので、使わないようにしましょう。

80

巣箱に入ると、
落ち着くよ〜

3 巣箱

体がすっぽり収まる
ちょうどいいサイズのものを

　野生のハムスターは、外敵から身を守るために巣穴に隠れます。おうちで飼う場合も、体がすっぽり収まるくらいの大きさで、隠れ場所になる巣箱があると、安心できます。巣箱にはゴールデンハムスター用、ドワーフハムスター用のものがあります。ゴールデン

ハムスターの場合、成長に合わせて、大き目の巣箱を用意してあげましょう。
　なおハムスターが巣箱にこもってしまったとき、屋根や底がはずれるタイプの巣箱だと、無理なく出すことができます。また掃除もしやすく、清潔に保てます。

陶器製

陶器製のものは細菌が繁殖しづらく、衛生的。ひんやりしているので、夏の暑さ対策にも効果的です。ただし素焼きのものは、尿が染み込んでしまいます。

ファンシーなプリン型で、
見た目がかわいい。

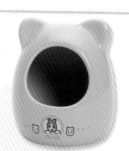

トイレや、砂浴び場としても
使えるタイプ。

木製

あたたかみがあり、保温性に優れています。かじって歯の伸び過ぎを防ぐ効果も。ただし洗いづらいので、汚れたら交換する必要があります。

ドワーフ用の巣箱で、体の小さなドワーフがすっぽり隠れられる。

登って遊べる階段がついたタイプもある。

check!

ティッシュの箱などで
手作りすることもできる

MILK

♥快適〜!!

　ティッシュの箱や牛乳パックなどで、手作りの巣箱を作ることもできます。紙の箱ならハムスターがかじっても安全ですし、汚れたらすぐに取り替えられるので衛生的です。

4 トイレ・トイレ砂

ハムスターが使いやすいものを選んであげて

ハムスターは決まった場所で尿をする習性があります。教えてあげると、トイレで尿をするようになることも（しつけのしかたは102〜103ページ）。ゴールデンハムスターは覚えてくれることが多いようです。

トイレにはプラスチック製、陶器製

トイレは体のサイズに合ったものを用意してあげましょう。

があります。ハムスターが出入りしやすい高さのものを選びましょう。中にペット用のトイレ砂を入れておくと、においが気になりません。ただしトイレ砂を口に入れてしまうことがあるので、ぬれると固まるタイプのものは避けましょう。

ゆったりした楕円形タイプ
掃除に役立つシャベル付き。

入り口が狭いタイプ
トイレ砂などが飛び散りにくくて、衛生的。

すっきり納まるコーナータイプ
ケージの四隅に納まり、省スペースに。

ここに注意

トイレで砂浴びするのは、やめさせたほうがいい？

ハムスターは砂浴びで体をきれいにする習性があります。砂浴び用の容器を入れてあげると、気持ちよさそうに砂浴びするハムスターも多いようです。しかし中にはトイレ砂で、砂浴びをしてしまう場合も。不衛生に感じるかもしれませんが、自分のにおいがついた砂は、ハムスターにとっては安心できるのです。心配しなくて大丈夫です。

安心安心

エ〜!!

5 フード入れ

安定感があって、清潔に使えるものを

　専用のフード入れにペレットなどを入れてあげるようにすると、ハムスターはそこを食事の場所と覚えてくれます。ハムスターはフード入れをひっくり返して遊ぶことがあるので、どっしりと安定感があって、口が広い容器がおすすめです。かじられなくて丈夫な陶器製のものがおすすめです。

小さめのドワーフ用タイプ
フード入れも体のサイズに合ったものに。

安定感のある陶器製
かじったり、倒したりしにくく使いやすい。

省スペースのコーナータイプ
ケージの四隅にすっきり置ける。

6 給水ボトル

飲みたい分だけ出てくるボトルタイプがいい

　水を入れたお皿を床に直接置いておくと、ハムスターが中に入ってしまったり、ひっくり返して水びたしになったりすることも。ケージに取り付けられるタイプか、安定感がある床置きタイプの給水ボトルを使いましょう。

安定感のある置き型
床に置いて使える。透明なので、減った量もすぐわかる。

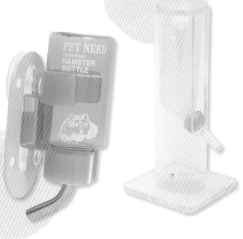

吸盤付きタイプ
壁面に取り付けられるので、スペースを取らない。

7 回し車

安全に回せて、体の大きさに合ったものを選んで

　野生のハムスターは食べ物を求めて、長距離を走り回ります。ペットのハムスターは運動不足になりがち。ストレス解消のためにも、回し車を用意してあげましょう。

　回し車を選ぶときは、体のサイズに合ったものを選んであげて。ゴールデンハムスターにドワーフ用の小さな回し車を使わせていると、背骨が反ってしまうなど、体に悪影響を及ぼします。またはしご状のすき間のあるタイプは、足を引っかけてケガをする恐れがあるので使わないでください。

ゴールデン用、ドワーフ用があるので、体のサイズに合ったものを用意して。走るときに体が反っている場合は、体格に合っていない可能性が高い。

必要に応じて追加したいグッズ

　基本グッズに加えて、必要に応じてグッズを追加していきましょう。おもちゃやかじり木に関心があまりない場合もあるので、使わないようならケージから出しましょう。

トンネル

つなげて長くすることもできる。中が汚れやすいので、掃除はしっかりと。

温度計・湿度計

夏や冬の温度管理、梅雨時の湿度管理にあると便利です。正確に測れるように、ケージの近くに設置しましょう。

かじり木

ハムスターには物をかじる本能があるので、かじるおもちゃはストレス解消にうってつけです。またハムスターの上下の門歯は一生伸び続けるので、伸び過ぎ防止にも役立ちます。

食べても安全な、いぐさでできたボールタイプ。

かじるだけでなく、乗っかったり、回したり、いろいろな遊び方ができるローラータイプ。

キャリーケース

病院へ連れて行くときや、ケージの掃除でハムスターを移動させたいときなどに、あると便利です。安全性の高い、プラケースタイプのものがおすすめです。

給水ボトルやフード入れを取り付けできて、外出にも使いやすいタイプ。

透明なプラケースは、毎日の健康チェックなどにも活用できる。

体重計

肥満予防や、病気で体重が落ちていないかをチェックするために、体重はこまめに測りたいものです。家庭で使う調理用スケールで代用してもかまいません。数値が読み取りやすい、デジタルスケールがおすすめ。体重はもちろん、フードの重さを測るのにも活用できます。

防寒・防暑グッズ

寒い冬や暑い夏が、ハムスターは苦手です。エアコンで室温を調整するだけでなく、防寒・防暑グッズを使うと、より快適に過ごせます。ヒーターのコードなどは、かじったりできないように気をつけてあげてください。

ベッドの下に保冷材を入れるストーンベッド。暑い夏も快適に過ごせる。

マルチパネルヒーターは電子制御式なので、必要以上に熱くならず安全。

水槽タイプ 基本レイアウト

フタ

おもちゃや巣箱などを踏み台にして、開けて脱走することがあるので、しっかりフタを閉めておきましょう。

回し車

回し車は、体の大きさに合ったサイズのものを用意してあげましょう。音が静かなタイプだと、夜中に回していても音が気になりません。

トイレ

コーナーに置くタイプだと、ケージが広く使えます。プラスチック製なので、掃除も簡単。

巣箱

木製の巣箱はかじっても安心。体がすっぽり隠れるくらいの大きさのものを用意しましょう。

フード入れ

ひっくり返りにくい、どっしりした陶器製のものがおすすめ。トイレや給水ボトルと離れた位置に起きましょう。

水入れ

安定感のある床に置くタイプのボトル。飲み口の高さを、ハムスターが飲みやすい位置に調整してあげて。

床材

コーンチップを使用。たっぷりと、厚さ5cmくらいになるように敷き詰めましょう。

透明な水槽タイプは中の様子がよくわかるので、入れるグッズによっていろいろな雰囲気のおうちを演出できます。まずはドワーフ用の基本レイアウトの例を紹介しましょう。

快適なおうちを
用意してね

ハムスターがくつろげる環境を作ってあげて

ケージのセッティングをするときは、ハムスターが安全に、清潔に暮らせるように工夫してあげましょう。ケージの大きさの目安は下の囲みを参照に、運動量が確保できるようになるべく広めのものを用意しましょう。

水槽タイプは金網ケージのようにかじったり、登って落下してけがをしたりするおそれはありません。ただし金網ケージに比べて通気性がよくないので、夏や梅雨どきにはふたを金網などのメッシュタイプのものに変えるといいでしょう。

Point 1 トイレは巣箱やフード入れと離す

野生のハムスターは巣穴の中で、寝床から一番遠い場所をトイレにする習性があります。またトイレの近くにフード入れがあるのも不衛生なので、この3つはなるべく離して配置します。

Point 2 高さのあるものは入れない

高さのあるものを入れると、ハムスターが登って落下したり、天井のふたをかじったり、開けたりしてしまうことがあります。

ハムスターに必要なケージの広さの目安

ゴールデンハムスターの場合

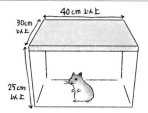

40cm以上 / 30cm以上 / 25cm以上

幅40cm×奥行き30cm×高さ25cm以上。幅65cm×奥行き35cmくらいあると、なお良い。

ドワーフハムスターの場合

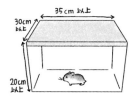

35cm以上 / 30cm以上 / 20cm以上

1匹なら、幅35cm×奥行き30cm×高さ20cm以上。2匹を一緒に飼う場合は、幅40cm×奥行き40cm×高さ25cm以上あると、なお良い。

プラケース 活発なハムスター向け

トイレ
フード付きのコンパクトなトイレ。省スペースで、ケージ内が広く使えます。

回し車
思いっきり走れるように、体に合ったサイズのものを選んであげましょう。

砂浴び場
中に砂を入れておくと、砂浴びをして遊ぶハムスターも。設置してみて、使わないようなら入れなくても構いません。

ケージ
大きめの水槽タイプを使用。床面積が広いので、ハムスターが十分に動き回ることができます。

水入れ
水槽の壁面に取り付けられるタイプ。ハムスターがぶつかって倒すことがなくて安心です。

床材
ハムスターが掘ったりもぐったりできるように、厚めに敷き詰めてあげましょう。

フード入れ
フード入れをひっくり返して遊ぶことがあるので、安定感のある陶器製のものを使うといいでしょう。

巣箱
階段状になっていて、上に登って遊べるタイプ。木製なので、かじっても安全で、歯の伸び過ぎを防止する効果もあります。

若くて元気なハムスターは、運動不足で、エネルギーを持て余してしまうことも。
そんな場合は広さのあるプラケースで、遊びのスペースが
広くとれるレイアウトにしてあげるのがおすすめです。

運動不足が
解消できるね！

広さを確保することで、運動不足が解消できる

一日中、ケージの中で過ごすハムスターが運動不足にならないように、活発なハムスターには広めのおうちを用意してあげるのがおすすめです。ただし遊び道具をごちゃごちゃ入れてしまうと掃除もしにくくなり、逆に走り回りにくくなることも。

かじり木と兼用できる木の巣箱を入れたり、上り下りできる階段がついた巣箱を選んだり、アイテムはあまり増やさずに運動できる環境を作るようにしてみましょう。

Point 1 かじれる素材の巣箱を入れる

木でできた巣箱は、かじっても安全です。水槽やプラケースタイプのケージは、かじり木を固定できないので、巣箱をかじり木と兼用にすると便利です。

Point 2 掘って遊ぶスペースを作ってあげる

ハムスターは掘ることが大好き。ケージとは別に、ウッドチップなどの床材をたっぷり入れた小さめの水槽を用意して、ここで掘って遊べるようにしてもいいでしょう。

牛乳パックやトイレットペーパーの芯など家にあるものも活用できる

家にあるものを活用して、巣箱やトイレを手作りすることもできます。ティッシュペーパーの箱を巣箱にしたり、トイレットペーパーの芯を巣箱やトンネル代わりに使ったりできます。また牛乳パックをハムスターが入れるくらいの長さに切り、入り口を少し開けてガムテープなどでとめて、トイレ代わりに使うのもおすすめ。紙の箱ならハムスターがかじっても安心ですし、汚れたらすぐに取り替えられるので、衛生的です。

トイレットペーパーの
芯をおもちゃに
（トンネル）

ティッシュの箱を
使った
巣箱

金網タイプ 梅雨どき、夏場に快適

巣箱

陶器製の巣箱の中には、居心地がよくなるように、巣材をたっぷり入れてあげて。床材と同じものでかまいません。

回し車

ハムスターが足を挟まないように、回す部分にすきまがないタイプがおすすめ。体の大きさに合ったものを選んであげて。

トイレ

三角形のコーナータイプだと、ケージを広く使えます。フード入れ、巣箱と離れた場所に設置しましょう。

フード入れ

中に水が入ったりしないように、給水ボトルとは離れた場所に置くようにしましょう。

床材

5cmくらいの厚さに敷きつめましょう。このセッティング例では、アレルギーの心配がなく、衛生的なペーパーチップを使用。

水入れ

ケージの壁面に取り付けるタイプが、倒れたりする心配がなくておすすめ。

通気性がよく、湿度が高い梅雨どきや、蒸し暑い夏場に
快適に過ごせる金網ケージ。基本的なセッティングは
水槽タイプと同じですが、出入口をナスカンなどで
ロックするなど、脱走防止の工夫をしっかりしましょう。

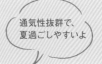
通気性抜群で、
夏過ごしやすいよ

かじりグセがある場合は、
よく様子を見てあげて

　金網ケージは通気性がよく、梅雨ど
きや暑い夏も快適です。ただしハムス
ターが金網をかじったり、よじ登った
りすることがあります。かじりぐせが
ある場合、歯を傷めて、不正咬合にな
ってしまうことも。またよじ登って落

下して、骨折などのケガをすることも
あります。
　金網ケージを使う場合は、ハムスタ
ーの様子をよく観察して、かじったり、
登りたがったりする様子が見られたら、
使うのはやめたほうがいいでしょう。

Point 1　脱走防止に、出入り口はしっかりロック

　ハムスターが扉を勝手に開けて出て行かないよ
うに、ナスカンなどでしっかりロックしておきま
しょう。片側をケージにかけておけるタイプのも
のだと、かけ忘れもなくなります。

Point 2　水入れはちょうどいい高さに設置

　金網タイプでは給水ボトルを側面に固定できま
す。ハムスターが後ろ足で立ち上がったときに、
水入れの口がちょうど顔の高さになるくらいの位
置に取り付けましょう。

まわりを段ボールなどで囲むと
床材の飛び散りが防止できる

　金網ケージでは、メッシュのす
きまから床材が散らばることが
あります。汚れが気になる場合
は、高さ20cmくらいの段ボール
で、ケージのまわりをぐるっと囲
んでおくといいでしょう。

20cm
くらい

落ち着ける快適な場所に ケージは設置

 ## 日当たりや風通し、音や振動などに注意

ハムスターのケージをどこに置くかは、とても重要です。飼い始める前に、家の中のどこに置くかをシミュレーションしておきましょう。昼間は自然光が入る明るい部屋で、風通しがあり、湿気が少なく、気温差があまりない場所がベストです。

またハムスターは音に敏感なので、テレビやオーディオ機器の近く、人の話し声がよく聞こえる場所は避けたほうがいいでしょう。とはいっても人があまり行かない部屋だと、ハムスターの体調の変化に気づけないこともあります。

音に敏感だから、うるさい場所は避けてほしいな

ハムスターに適した気温、湿度

温湿度計をケージの近くに設置して、チェックしましょう。

● 温度：18 〜 25℃
● 湿度：40 〜 60%

 ここに注意 犬や猫などは絶対に同じ部屋に入れないで

犬や猫などを飼っている場合は、ハムスターと一緒の部屋には絶対に入れないようにしましょう。ハムスターがこわがりますし、犬や猫がハムスターを襲う危険もあります。飼い主さんが外出する時は、部屋のドアをしっかり閉めておくようにしましょう。

ケージの置き場所のポイント

家の間取りや広さによって、ベストな置き場所は変わってきます。
あなたの家でのベストポジションを選んであげましょう。

高さが1mくらいあり、安定感のある場所

床に直接ケージを置くと、人の歩く振動が伝わります。また冷気は下にたまるので寒さを感じやすくなります。安定感のある台の上などに、ケージを乗せましょう。

テレビやステレオなどの近くは避ける

音がうるさいのはもちろん、電磁波も出ています。パソコンの近くもNGです。

エアコンの風が直接当たらない場所

エアコンの風が直接当たると、冷えすぎたり、温まりすぎたりしてしまうので要注意。

窓のそばは避ける

窓のそばは寒暖の差が激しく、直射日光も当たり、外からの騒音も聞こえるので避けて。

一面か二面、壁に面した場所

ケージは壁面に沿って置きましょう。できれば二面、壁に面しているとベストです。

出入り口など人の出入りが多い場所は避ける

ドア付近など、人の出入りが多い場所はハムスターが落ち着いて過ごせません。

昼間は明るく、夜は暗くて静かな場所

夜行性ですが、夜も明るいままにしておくと、体調を崩してしまうことも。日当たりが悪い部屋の場合は、昼間明るい時間帯には電気をつけておくなどして、一日中暗くならないようにしましょう。

留守がちな場合は特に温湿度管理をしっかりと

不在にすることが多い場合は、留守中もエアコンをつけっぱなしにするなど、温湿度管理を心がけて。特に暑い夏や寒い冬は、ハムスターの体にはこたえます。タイマーなどを使って、うまく温湿度をコントロールしましょう。

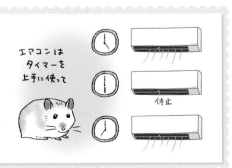

エアコンは
タイマーを
上手に使って

停止

暑さと寒さを乗り切る工夫を

 ## 真夏や真冬は特に注意が必要

　ハムスターは暑い夏、寒い冬、そして湿気が多い梅雨どきは苦手な季節。暑すぎると熱中症、寒すぎると疑似冬眠してしまい、命に危険が及ぶことがあります。

　また秋から冬、冬から春といった季節の変わり目は、寒暖の差が激しく、夜中に急に冷え込んだりすることがあります。気温差がなるべく少なくなるように、夜はケージに布をかけて保温するなどしてあげましょう。

暑い夏は特に体力が消耗しがちです。快適に過ごせるようにしてあげましょう。

 check!

暑さ、寒さ対策の基本

ケージの中の
温度・湿度を
チェック！

❶ ケージ内の温度と湿度をチェック

　温度と湿度を毎日チェック。水槽タイプのケージでは、外と中で温度や湿度が違うことがあるので要注意。できればケージの中に温湿度計を設置しましょう。

❷ エアコンを基本に、防寒防暑グッズも活用

　部屋全体の温湿度管理は、エアコンでしっかり行いましょう。さらに冬ならペットヒーター、夏なら保冷剤など、ピンポイントで暖めたり冷やしたりできるグッズをうまく使い、快適な環境を保ちましょう。

あったかー

梅雨〜夏

湿気と暑さをコントロールして快適に

エアコンは直接あたらないように

保冷剤や冷却シートを使うときは冷やさないスペースも作って

これで夏も安心！

金アミのケージにして風通しよく！

COOL

エアコンを上手に使い、湿度と温度を一定に

　エアコンを活用して、快適な温湿度を保ちましょう。冷え過ぎも体によくないので、気温24〜28℃、湿度40〜60％を目安に設定を。またエアコンの風が直接ケージに当たらないように気をつけましょう。風通しがよくなるように、ケージを金網タイプのものにするのもおすすめです。

　特に暑い日は、ペット用の保冷材や防暑グッズも活用してみましょう。市販のグッズのほか、水を入れて凍らせたペットボトルをケージの周囲に置くのも効果的です。

こんなグッズも活用

● **ストーンベッド**
ベッドの中に保冷材を入れると、石の部分が適度に冷えます。

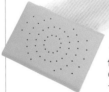

● **冷却マット**
保冷材ケースと保冷材のセット。冷凍庫で冷やして何度も使えます。

Point

水をあまり飲まない場合は野菜や果物を多めに与えて

　脱水症状を起こさないように、野菜や果物などの水分の豊富なフードを少し多めにあげましょう。水は1日2回交換して、新鮮な水がいつでも飲めるようにしておきましょう。

冬

毛布をかけて
あたたかく

ペットヒーターや
フロアヒーターを
使って温度調節

あったか〜い♪

エアコンで
室温を保って

床材を多めに
入れる

エアコンやヒーターで
快適な温度をキープ

　冬に最も気をつけなくてはいけないのが、疑似冬眠（188〜189ページ）です。気温が5℃以下になると、ハムスターは冬眠してしまいます。10℃くらいでも冬眠状態に入ってしまうことがあります。ケージ内の温度が18℃以下にならないように、エアコンやペットヒーターを使ってキープしましょう。

　また、もぐって体を温められるように、床材は多めに入れます。巣箱の中にもたっぷり巣材を入れて、暖かく過ごせるようにしてあげましょう。

こんなグッズも活用

● **フロアヒーター**

両面の温度設定が異なるので、気温に応じて使い分けできます。コードはいたずら防止の加工がされていて安心。

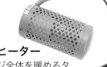

● **ペット用ヒーター**

外側からケージ全体を暖めるタイプなので、コードなどをいたずらする心配がありません。

Point

体温・体力維持のために
食事も少しカロリー高めに

　体温や体力を維持できるように、カロリーの高いエサを少しだけ増やしましょう。ヒマワリの種などの油種子や、チーズなどの動物性たんぱく質などを、普段のメニューに少量加えましょう。

ワーイ!

少し
プラスして

春・秋

朝晩の冷え込みに気をつけよう

昼間と夜で温度差が激しくならないよう気温を調節

長毛種のコにはブラッシングを

昼と夜の温度差が少なくなるように注意

過ごしやすい季節ですが、朝晩の気温差があることも多いので、温度差が少なくなる工夫をしましょう。床材を多めにして、寒ければハムスターがもぐりこめるようにしてあげましょう。必要に応じて、ペットヒーターなどを入れてあげましょう。

なお春は冬毛から夏毛に、秋は夏毛から冬毛に被毛が生え変わるシーズン。特に長毛種は、無理のない範囲でブラッシングしてあげましょう。嫌がる場合は、無理にしなくてもかまいません。

繁殖を考えている人は、春か秋がベストシーズン

赤ちゃんハムスターを増やしたい（138～141ページ）なら、気候が穏やかな春や秋がおすすめです。ただし春に繁殖させる場合は、冬の寒さで体力が落ちていないか、ハムスターの健康状態をよくチェックしてからにしましょう。

赤ちゃんを生むなら春か秋

Point

秋は少し体重が増えても大丈夫

check!

厳しい夏が過ぎて、冬に備えて体力をつけておきたい秋。ハムスターは本能的に、冬を迎える前にたくさん食べるようになります。少し体重が増えてもあまり気にしなくて大丈夫です。冬用に食糧を巣箱の中に溜め込むことがあるので、傷んだフードを食べないように、巣箱の中をときどき確認しましょう。

健康のためにも そうじはこまめに

きれい好きなので、定期的におそうじを

ハムスターはきれい好きな動物です。不衛生な環境だと細菌に感染しやすくなり、体調を崩す原因になります。1日1回、ハムスターが活動を始める夕方に、フードや水の交換とあわせて、ケージの簡単なおそうじをしてあげましょう。

毎日のそうじは、フード入れや水入れをきれいにして、汚れたトイレ砂や床材を部分的に交換します。

週1回は、古い床材を少しだけ残し、それ以外は新しい床材に取りかえます。

また月に1〜2回くらい、ケージの中身をすべて出して、大そうじをします。自分のにおいがついたものがなくなると不安になることも。そうじ前の床材を少し残しておきましょう。

ケージの汚れ具合をチェックして、床材やトイレ砂の交換などを毎日してあげましょう。

ここに注意 **そうじのときには、排泄物のチェックを**

尿の色はヘンじゃない？

下痢はしていない？

トイレのそうじや床材の交換のときに、尿や便の状態をチェックしましょう。色やにおいが普段と違っていたり、下痢していたり、何か変なものが混ざったりしていたら、便を持って獣医さんに連れていきましょう。

毎日のおそうじのチェックポイント

いつも清潔にしておくために、1日1回のそうじを習慣にしましょう。
フードの食べ残しや排泄物がついたままの床材は、病気の原因になります。

トイレ

汚れたトイレ砂をスプーンなどで取り除き、減った分を足します。汚れが目立っていたら、トイレを丸洗いします。ハムスターはにおいでトイレの場所を覚えているので、そうじの後は尿のにおいがついた砂を少し残しておきましょう。

とる

とったら砂を足す

フード入れ

残っているフードを捨てて、水洗いします。ペレットだけを入れている場合は、数日に一度洗剤で洗えばOK。野菜や果物など腐りやすいものを入れている場合は、交換する度にしっかり洗いましょう。洗った後はよく拭いてから、新しいフードを入れて。

キュッキュッ

床材・巣材

尿や水などで汚れている部分をスコップで取り除き、たっぷり新しいものを補充。便はトイレでしないので、目についたものは拾って捨てましょう。巣箱の中に食べものを溜め込んでいることがあるので、中もチェック。

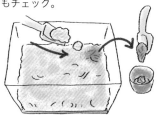

水入れ

水を取り換えるたびに、中を水でよくすすぎます。水あかなどがついて汚れていることがあるので、2〜3日に一度くらい、長めのブラシを使って中を洗いましょう。水を飲む側についているゴムの部分はぬめりやすいので、きれいに洗って。

湿度が高い梅雨どきや真夏、季節の変わり目は特に念入りに

梅雨どきや真夏はものが腐りやすく、細菌が繁殖しやすいシーズン。しっかりそうじしましょう。また春や秋などの季節の変わり目には被毛が生え変わります。特に長毛種の場合は抜け毛も目立つので、念入りに汚れをチェックして。

ジメジメ

ジリジリ

月に1～2回は、大そうじを

ケージの床や側面などには、毎日のそうじでは取りきれない汚れがたまっています。ふだんは月に1～2回、梅雨どきや夏は週1回を目安に大そうじをしましょう。

1 ハムスターをキャリーに移動する

ハムスターを移動用のキャリーケースなどに移動します。安心させるため、使っていた床材やいつも食べているフードを少し入れておきましょう。

2 中のものを取り出し、床材を捨てる

ケージの中のものをすべて取り出し、床材や便を捨てます。ハムスターを戻すときに入れるために、汚れていない床材を少し取っておきましょう。においがついているので、安心します。

5 しっかりすすいで、日光消毒する

洗い終わったら、ケージやグッズに洗剤などの成分が残らないように、念入りにすすぎ洗いします。水気を拭き取ったら、日光にあてて消毒しながら、完全に乾かします。

Point

木製のグッズは乾いた布で汚れを落とす

木製の巣箱などは乾きにくいので、水洗いはしないで乾いた布でしっかり汚れを落としましょう。

3 ケージを丸洗い、巣箱やフード入れなども洗う

水槽やプラケースならスポンジ、金網タイプならブラシを使って、きれいに丸洗いしましょう。フード入れや水入れ、巣箱、回し車、トイレなど、中に入れているものもすべて洗います。

4 汚れが気になるものはつけ置き洗いする

汚れがこびりついていてなかなか取れなかったり、においなどが気になったりする場合は、材質に適した洗剤や漂白剤などを使ってつけ置き洗いをしましょう。

6 元通りにセットして、ハムスターを入れる

ハムスターは湿気に弱いので、すべてのものがよく乾いてから、元通りにケージの中に戻します。床材やトイレ砂には、少しにおいのついたものも混ぜておきましょう。

ここに注意 迎えてすぐや妊娠中など大そうじを避けたほうがいい場合もある

大そうじをすると自分のにおいが消えてしまうため、環境になれていないハムスターや体調が悪いハムスターにとってはストレスになってしまいます。迎えて間もない時や病気のハムスター、妊娠中のメスなどのケージは、大そうじをしないほうがいいでしょう。汚れている部分だけをきれいにしてあげて。

習性を利用して
トイレを覚えてもらおう

 ## においのついたものを残すのがポイント

　野生のハムスターは、巣穴の中で寝床からいちばん遠い場所をトイレにして、ここで排尿します。一度決めると同じ場所でするようになるので、この習性を活かして、トイレを覚えてもらいましょう。

　ケージをセッティングするときは、巣箱といちばん遠い場所にトイレを設置してみましょう。ハムスターは嗅覚が優れているので、尿がついたトイレ砂や巣材をトイレの中に入れておくと、においで場所を覚えてくれます。ただし尿をトイレでするようになっても、便は決まった場所ですることはまれです。ケージをそうじするときに、こまめに取り除きましょう。

すぐにトイレを覚えなくても、根気強く見守ってあげましょう。

 ## 覚えないときに叱っても効果はない

　トイレを覚えてくれないからといってハムスターを叱っても、効果はありません。ゴールデンハムスターのほうがドワーフよりトイレを覚えやすいようですが、ゴールデンでもなかなか覚えない場合もあります。無理強いはストレスのもとです。できなくても無理に教えようとしないで。

トイレをマスターさせるコツ

トイレを覚える鍵となるのは、彼らの優れた嗅覚です。
野生の巣穴と同じように、トイレを巣箱のいちばん遠くに設置することも大事です。

☐ トイレは巣箱とフード入れから離れた場所に設置

野生のハムスターの巣穴では、トイレと寝床、食糧置き場は離れた場所に作られています。この習性に準じて、トイレは巣箱からいちばん遠くなるように、対角線上に設置しましょう。

巣箱

トイレ

フード入れ

☐ トイレに尿のにおいを残しておく

トイレの中には、尿のついたトイレ砂や巣材を少し入れておきましょう。嗅覚が優れているハムスターはにおいで場所を察知し、ここで用を足すようになります。

ココが
トイレなのか?!

トイレを覚えてくれない場合は…

屋根付きのトイレにしてみる

もともと巣穴で排せつしていたので、多少暗い場所のほうが落ち着きます。屋根付きのトイレにすると、ここでするようになることがあります。

オシッコする場所をトイレにしてみる

トイレでしなくても、いつもケージの中の決まった場所で尿をしていることがあります。その場所にトイレ容器を設置してみましょう。できるようになることがあります。

においを残さない
お手入れ方法

 ## ハムスター自体が、におうわけではない

ハムスターに限らず、ペットを飼っているとにおいが気になることがあります。これは動物自体のにおいというよりは、排せつ物が残っていたり、汚れが染みついてしまったりしていて、そこからにおいが発生している場合がほとんどです。

ハムスターはきれい好きで、トイレの場所を覚えてくれることも多いもの。しかし床材の上に尿をしてしまうこともあります。まめにケージのおそうじをすることに加えて、消臭グッズなどを使い、においが発生しにくくなるような工夫をしましょう。

ぼくたちは
きれい好き
なんだよ〜

Point

におい対策のポイント

❶汚れは
　毎日しっかりチェック

忙しいとつい、トイレ砂や床材を交換するだけになってしまうかもしれません。水槽タイプの場合、壁面に尿の飛び散りなどが付着していることがあります。汚れが目についたら、すぐにおそうじを。

❷巣箱の中も定期的にチェック

ハムスターは巣穴の中に食糧をため込む習性があります。巣箱の中にペレットなどのフードを隠していることがあります。食べものが腐敗すると悪臭がするだけでなく、不衛生です。そうじのときに、チェックしましょう。

におい対策グッズも上手に活用しよう

そうじをまめにすることに加えて、におい対策グッズも必要に応じて取り入れてみましょう。自然由来の成分で作られた消臭スプレーや、トイレにこびりついた尿石落としの洗剤など、ハムスターに安全な素材のものを選べば安心です。

消臭対策をすることで、ハムスターも飼い主さんも快適に暮らせます。

 ## あると便利なにおい対策グッズ

● **尿石落としバブル**

泡が汚れにまとわりついて、素早く尿石を分解。こすらずにきれいにできる。

● **天然消臭快適持続ミスト**

48時間効果が持続する消臭剤。無香料なので、においに敏感なハムスターにも安心して使える。

重曹やクエン酸、エタノールなどの安全な素材もそうじに使える

ハムスターのケージまわりのおそうじには、安全な素材を使いたいもの。そこでおすすめなのが、重曹やクエン酸、エタノールなどを使ったおそうじ。アルカリ性の重曹は、皮脂などの酸性の汚れに効果的。消臭効果もあります。酸性のクエン酸は、アルカリ性の尿の汚れがよく落ちます。エタノールは消臭、除菌作用が高いので、におい対策に効果大です。

● **ケージの拭きそうじに➡重曹水**
重曹大さじ2杯＋水500ml

● **トイレのそうじに➡クエン酸水**
クエン酸小さじ2杯＋水400ml

● **除菌・消臭に➡エタノールスプレー**
消毒用エタノールをスプレーボトルに入れて使用。

室内の環境を安全に整えよう

ハムスター目線で、室内の安全をチェック

ハムスターは部屋の中に出して遊ばせる必要はありません。しかし万が一、ケージから出てしまったときに危険がないように、室内の環境を事前にチェックしておきましょう。

ハムスターは体が小さいうえ、とても柔軟で、かなり狭い場所に入ることができます。ちょっと目を離したすきに室内に出て、カーペットの下、家具のすきまなどに、サッと身を隠してしまうことも。まずはむやみに外に逃げ出さないように、ケージの扉をしっかりロックすることが大事です。またケージを置いている部屋の窓やドアは、人がいないときは、常に閉めておきましょう。

思わぬ場所に入り込んでしまうことがあるので、しっかり室内をチェックしましょう。

ここに注意 **思わぬところが危険地帯になる！**

1 粘着タイプのゴキブリとり

ゴキブリとりは粘着力が強いので、ハムスターも身動きが取れなくなってしまいます。なるべく置かないようにしましょう。
→対処法は 199 ページ

2 家具のすきま

ソファの裏側、棚のすきまやたんすの下など、あらゆる場所が隠れ場所になります。

3 冷蔵庫や洗濯機などの家電

家電の裏側などに入り込んで、電気コードをかじったりすると、感電の危険があります。

4 トイレや浴室などの水回り

トイレの便器の中、水がはってある浴槽などにハムスターが落ちて、おぼれてしまうことも。

室内のこんなところを安全確認しておこう

室内の危険箇所をチェックするには、ハムスターの目線に立つことが大事。
念には念を入れて、できる限りの対策をしておきましょう。

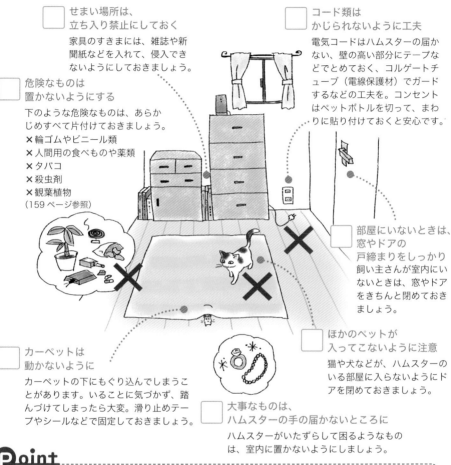

- [ ] **せまい場所は、立ち入り禁止にしておく**
  家具のすきまには、雑誌や新聞紙などを入れて、侵入できないようにしておきましょう。

- [ ] **危険なものは置かないようにする**
  下のような危険なものは、あらかじめすべて片付けておきましょう。
  - ✕ 輪ゴムやビニール類
  - ✕ 人間用の食べものや薬類
  - ✕ タバコ
  - ✕ 殺虫剤
  - ✕ 観葉植物
  （159ページ参照）

- [ ] **コード類はかじられないように工夫**
  電気コードはハムスターの届かない、壁の高い部分にテープなどでとめておく、コルゲートチューブ（電線保護材）でガードするなどの工夫を。コンセントはペットボトルを切って、まわりに貼り付けておくと安心です。

- [ ] **部屋にいないときは、窓やドアの戸締まりをしっかり**
  飼い主さんが室内にいないときは、窓やドアをきちんと閉めておきましょう。

- [ ] **カーペットは動かないように**
  カーペットの下にもぐり込んでしまうことがあります。いることに気づかず、踏んづけてしまったら大変。滑り止めテープやシールなどで固定しておきましょう。

- [ ] **ほかのペットが入ってこないように注意**
  猫や犬などが、ハムスターのいる部屋に入らないようにドアを閉めておきましょう。

- [ ] **大事なものは、ハムスターの手の届かないところに**
  ハムスターがいたずらして困るようなものは、室内に置かないようにしましょう。

Point

部屋に放すときは
サークルなどで空間を区切って

　ハムスターの運動不足解消のために、ケージから出して自由に走り回らせてあげたい。そんなときは、小動物用の網目の細かいサークルやダンボールなどで、ハムスターが動ける範囲を制限すると安全です。また遊ばせているときは、目を離さないようにしましょう。

ケージから脱走したら すぐに捜索を

隠れていそうな場所を探してみよう

もしもハムスターがケージから脱走してしまったら、まずはハムスターが隠れそうな場所を捜索しましょう。カーテンやカーペットの下に隠れていることもあるので、踏みつけたりしない

ように注意して。探しても見当たらないときは、ハムスターの好きな食べものを部屋の真ん中に置いて、様子をみてみましょう。

> ボクたちは
> 冒険心旺盛だから、
> いろんな場所へ
> 行っちゃうよ

高いところに登れるけれど、降りることはできない

降りられなーい

脱走したハムスターがタンスの上にいた。カーテンレールにしがみついていて、ビックリ！などということがあります。タンスと壁の間に頭が入るくらいのすき間があると、わずかな凹凸に爪をひっかけながら登ることができます。カーテンもレースのような爪がひっかかる素材だと、簡単に登れます。しかし問題は、登れても自力では降りられないこと。高いところから落下すると、骨折の危険も。万が一高いところに登ってしまった場合は、安全第一で救出しましょう。

脱走したときの捜索ポイント

捜索するときは、飼い主さんが落ち着くことが大事です。
あわててつかまえようとして、ハムスターをケガさせないように注意しましょう。

1 すき間を捜索

➡ソファや棚、家電の裏に いるかも？

ハムスターは狭い場所が大好き。棚の裏、本棚の本と本の間、ソファのすき間などをまずは捜索してみましょう。冷蔵庫などの家電製品の下や裏などに隠れていることもあります。

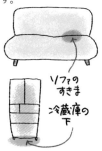

ソファの
すき間
冷蔵庫の
下

2 見つかるまで ドアや窓は開けない

➡夜になると出てくる可能性あり

捜索しても見つからない場合は、ケージが設置してある部屋のドアや窓は開けないで、様子をみてみましょう。ハムスターは夜になると活発になるので、隠れていた場所から出てくることもあります。

体が小さいから、
いろんなところに
入り込めちゃうよ

 CLOSE
 LOCK

3 好物の食べものや 巣箱を置いて待つ

➡おなかがすいたら、 出てくることがある

部屋の中央に好物の食べものを置いておくと、おなかがすいて食べに出てくる可能性があります。またいつも過ごしている巣箱を置いておくと、巣穴に戻るように中に入ってくることも。

4 出てこないときは、 耳をすましてみる

➡意外なところから 音が聞こえるかも

探してもなかなか見つからないときは、耳をすませてみましょう。テレビの裏、ソファの下などから、カサコソとハムスターが動く音が聞こえてきて、居場所がわかるかもしれません。

やっ
かっ

あそこだ…

Point

「ゴミ箱で発見！」というケースも多い

家の中を捜索しても、どこにもハムスターがいない……。あきらめかけた頃、ゴミ箱の中からカサカサと音がして、よく見てみたらハムスターが！ということは、多々あるようです。思わぬ場所にいることがあるので、要注意です。

留守にするときは 万全の準備を

3日以上になる場合は、お世話を頼むことを考えて

飼い主さんが旅行や仕事などで留守になるときは、ハムスターのお世話をどうするかを事前に考えて、準備しておきましょう。1〜2日なら、若くて健康なハムスターならおうちで過ごしていても大丈夫です。フードや水を多めに用意して、温度や湿度を一定に保つようにしましょう。

3日以上留守にする場合は、世話をしに来てくれる人を頼むか、どこかに預けるようにしましょう。いきなり長期間、家とは別の場所に過ごさせると、環境の変化で体調を崩すこともあります。少しずつならしていきましょう。

 check!

飼い主さんが留守にする場合の注意点

☐ **安心して預けられる場所を、普段から探しておく**

ハムスターを預かってくれるところを見つけようとしても、すぐに適当な場所が見つからない場合も。事前に情報収集して、候補を探しておきましょう。

☐ **なるべく環境が変わらないようにする**

家以外の場所に預けるときは、においのついた床材をケージに入れ、フードもいつも食べているものをあげるように、預かってくれる人に頼んでおきましょう。

☐ **預けるときは、普段の様子をしっかり伝える**

普段食べているフードのメニューや量、行動のパターンなどを、預ける相手に正確に伝えておきましょう。お世話のポイントをメモにしておくと安心です。

☐ **暑い夏や寒い冬は細心の注意を**

飼い主さんの留守中は、温度調整ができません。家で留守番させる場合は、エアコンなどを使い、寒さや暑さで体調を崩さないように気をつけて。

留守にするときは、安心して過ごせるように、環境を整えてあげることが大事です。

飼い主さんが留守中の過ごし方とその注意点

留守中のお世話は、ハムスターになるべく負担がかからない方法を選びましょう。

 ## 1泊2日くらいなら、おうちで過ごしてもOK

1泊なら
ダイジョウブ

水も
たっぷり

ペレット
多めに

フードと水を多めに用意しておきます。乾燥したペレットを多めに、野菜などの生ものは少なめに。またエアコンなどで温度や湿度をしっかりコントロールして、快適に過ごせるようにしておきましょう。

 ## ペットホテルに預ければ、数日の旅行でも平気

お願いします

おあずかり
いたします

犬や猫などに比べると、ハムスターを預かってくれるペットホテルはまだあまり多くありません。預けた経験のある人や主治医の獣医さんなどに聞いて、探してみましょう。

 ## ペットシッターを頼めば、環境を変えないで過ごせる

こんにちは！

おうちに世話しに来てくれるペットシッターを利用すれば、ハムスターは環境を変えずに過ごせます。ただし留守中に家に人をあげることになるので、信頼のおける業者をしっかり探しましょう。

 ## ハムスターの飼育経験がある知人、友人に預ければ安心

うちのコと
同じフードが
好きだね〜

ハムスターに詳しい知人や友人に世話をお願いする方法もあります。家に来てもらうのか、相手の家にケージごと預けるのかなど、どのような方法がいいかをよく相談して決めましょう。

 ## ハムスターを預けるときに準備しておきたいもの

毎日食べているフードに加えて、床材やトイレ砂などもいつも使っているものを持っていくと安心です。

ペレット

いつもと同じだと
安心！

☐ ケージ　　☐ トイレ砂

☐ ペレット　☐ 床材

いざというときのために、備えておくことは？

災害時を想定して、準備をしておこう

　地震や台風などの大きな災害が起こったときに、ハムスターを守ってあげられるのは飼い主さんだけです。日頃から防災対策を考えて、準備をしておきましょう。

　まず大事なのは、室内の安全点検。

　地震が起きたとき、家具などが倒れたりものが落ちてきたときに、ケージにぶつからないか点検しておきましょう。また棚の上などにケージを置いている場合は、ケージが落下しないように対策をしましょう。

 check!

防災対策の心得

いざというときのために準備しておいてね

❶ 住まいの点検をする

　災害時にハムスターを守るためには、飼い主さんが無事であることが大切。住まいを災害に強くすることが、一緒に住んでいるハムスターの安全も守ることになります。

ヨシ！

ルート確認、 ヨシ！

❷ 地域の避難先を確認

　家の近くの指定の避難所はどこにあるか？　災害時にそこまでどのようなルートで行くか？などを確認しておくと安心です。

❸ 備蓄品を用意しておく

　ライフラインの寸断や緊急避難に備えて、フードや水などを備蓄。フードは1袋多めにあると安心です。

避難が必要なときのことも考えておこう

大地震や台風などで避難が必要なことがあるかもしれません。自治体によって、避難所へのペットの受け入れの可否は異なります。受け入れが可能な場合も、たいていの避難所では、ペットは人間と別の場所で、避難生活を送ることになります。

避難所では動物が好きな人、苦手な人、アレルギーをもった人など、多様な人々が共同生活を送ります。避難所のルールに従って、人も動物も快適に共同生活が過ごせるようにしましょう。普段と違う環境で生活することは、ハムスターにとってもストレスになります。被災した時は飼い主さん自身の健康管理も大切ですが、ハムスターの健康状態もきちんと見てあげるようにしたいものです。

✓ 備えておきたい防災グッズリスト

万が一のときに持ち出せるように、置き場所を決めておきましょう。ハムスターを入れるキャリーケースをはじめ、フード、水などは2週間分くらいを目安にストックしておくと安心です。

- [ ] 移動用キャリーケース
- [ ] ペレット（2週間分くらい）
- [ ] 水（ペットボトル）
- [ ] ウエットティッシュまたはトイレットペーパー（そうじやハムスターの体が汚れた時のために）
- [ ] 新聞紙（床材になる）
- [ ] ビニール袋
- [ ] 使い捨てカイロ（防寒グッズとして）
- [ ] 毛布（寒い時期、ケージにかけて保温する）

※持ち出し用のキャリーケースには、飼い主さんとハムスターの名前、電話番号など連絡先を書いたネームプレートをつけておくといいでしょう。

安心できる環境で暮らせるように、対策を考えておきましょう。

避難生活が長期化するときは人に預けることも考えて

避難生活が長期化しそうな場合は、被災していない親戚や友人にハムスターを預けるのも一つの手段です。できれば事前にお願いできそうな人に話をしておくと、いざというとき安心です。

巣穴の中で春の訪れを待つ
野生のハムスターの冬ごもり

地下の巣穴に
食物を貯蔵して準備

　野生のゴールデンハムスターは、冬になると気温がマイナス20〜30℃以下になるような厳しい環境で生活しています。そのため冬が近づくと巣穴の中に食べ物を貯め込み、冬ごもりの準備をします。そしていよいよ冬になると、入り口付近は枯れ草などでふさいでしまいます。

　こうして厳しい冬をしのぎ、春が訪れると、地上に出てきて活動します。

　冬ごもりのしかたにはいくつかのパターンがありますが、ハムスターの場合はシマリスと似ていて、時々起きて、エサを食べたり排泄したりします。カエルやヘビのように、体温・脈拍・呼吸といった体の機能をすべて低下させて春まで過ごす冬眠とは、違うのです。

ケージの中には床材をたっぷり入れて、ハムスターが暖かく過ごせるようにしてあげて。

　ジャンガリアンなどのドワーフハムスターは、冬ごもりはしません。

ペットのハムスターは
冬ごもりをさせないで

　おうちで飼われているハムスターには、冬ごもりをさせる必要はありません。しかし気温が低い真冬などに、防寒対策をきちんとしないと「疑似冬眠（188〜189ページ）」してしまうことがあります。

　疑似冬眠からの回復は体力を消耗するので、最悪の場合、命を落としてしまうこともあります。

　真冬でも18℃以下にならないように室温を保ちましょう。5℃以下になると疑似冬眠に入ることが多いので、冬は暖かく過ごせるように防寒グッズを上手に使いこなして、環境を整備しましょう。

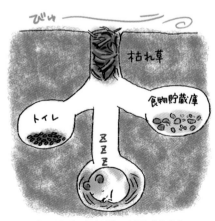

冬ごもりするときは巣の内部も作り変え、土や枯れ草で入り口をふさぎます。

お世話とふれあい

毎日のお世話とふれあいの
3つのポイント

ハムスターが健康に過ごせるように、
適切なお世話をしてあげましょう。
運動不足やストレス解消のための遊びなども、
うまく取り入れていきたいものです。

やさしく
ふれあってね!

Point 1

毎日のお世話は時間帯を
決めておくといい

　ハムスターが健康に過ごすために、"食（栄養
バランスの取れた食事）"と"住（ケージを清潔
で快適に保つためのそうじ）"のお世話は必要不
可欠です。

　ハムスターのお世話には毎日してあげたいもの、
ときどきするものがあります。毎日のお世話は、
だいたいの時間帯を決めておくといいでしょう。

毎日するお世話リスト

水OK!
食事OK!
ケージOK!
ピカピカ
健康状態
OK!!

☐ **食事をあげる**
　1日1回、フードの減り
具合をチェックして、新し
いフードに替える。

☐ **水を取り替える**
　水の減り具合を確認して
から、新しい水に交換。

☐ **トイレや床材を
きれいにする**
　トイレの中のトイレ砂の
交換、床材は汚れがあった
ら部分的に交換する。

☐ **健康チェックをする**
　透明のプラケースなどに
入れて、体全体をチェック
する。

ハムスターの１日のリズム

夜行性のハムスターの生活リズムに合わせて、
夕方から夜にかけてお世話をするのがベストです。

AM 6:00 朝

そろそろ眠り始める
夜型のハムスターは、朝日が昇る頃、
眠り始める。

PM 12:00 昼

ときどき起きてくる
昼間もまったく活動していないわけ
ではないが、ときどきフードを食べ
にくる以外は、ほとんど寝ている。

PM 6:00 夕方

ぼちぼち起きて、活動を始める
夕方〜夜にかけて、ハムスターは活
動的になる。
フードを食べる

AM 0:00 夜中

人間が寝ている間、活発に活動する
夜中でも回し車を回したりすること
もある。ただしずっと起きているわ
けではなく、ときどき眠っている。

Point 2

ふれあいタイムは夕方から夜にかけてがベスト

ハムスターは夜行性なので、毎日のお
世話は夕方から夜にかけての活動的にな
る時間帯がベストです。

お世話タイムは、かわいいハムスター
とのコミュニケーションを楽しむ時間で
もあります。飼い主さんの手からおやつ
をあげたり、手乗りにしてふれあったり、
楽しい時間を過ごしましょう。

Point 3

かまい過ぎはストレスを与えることもあるので注意

しっかりお世話をすることは大事です
が、かまい過ぎるのもよくありません。
寝ているのに無理に起こしたり、長時間
かまったりすることは、ハムスターにと
ってストレスになってしまいます。

また飼い主さんが忙しいときは、必要
最低限のお世話をすればOKです。

個体差に合わせて ならしていこう

「無理せず、うちの子のペースで」が仲良くなる秘訣

ハムスターは野生では捕食される立場の動物のため、警戒心が強く、すぐに飼い主さんになれない場合もあります。少しずつ信頼関係を深めていくことが、仲良しになるには必要です。時間をかけて、無理せず、それぞれのハムスターに合わせたペースで仲良くなっていきましょう。

一度こわい思いをさせてしまうと、なかなか飼い主さんになつかなくなってしまうことがあります。いたずらを

したからといって、大声でしかりつけたりすると、飼い主さんをこわがって避けるようになることも。ハムスターが嫌いなもの、苦手なものを知り、やさしく接してあげましょう。

ハムスターと飼い主さんが信頼関係を築けるように、少しずつ仲良くなっていきましょう。

check!

ハムスターが苦手なもの

大きな声や音
大声で話しかけたりするのは NG。またドアを乱暴に開閉したり、テレビを大きな音でつけたりするのもやめましょう。

急に近づいてくる
猛禽類やイタチなどの天敵を常に警戒している野生時代のなごりで、急に近づいてくるものはこわがります。手を出すときなどは、ゆっくりと。

強烈なにおい
嗅覚が優れているハムスターは、においに敏感。香水やアロマオイルなどの強いにおいは苦手です。またタバコの煙はにおいはもちろん、健康にも害があるので NG です。

かまいすぎる
長時間触られたり、手で持たれ続けることは、ハムスターにとってストレスになります。「触るのは 10 分以内にする」など、ふれあう時間を決めておきましょう。

そろそろ自由になりたいな〜
かわいい〜

ハムスターと仲良くなるコツ

いきなり触ろうとしないで、やさしく声かけを

手を近づける前に、必ずやさしく、落ち着いた声音で「〇〇ちゃん」とハムスターの名前を呼んで、注意をこちらに向けてから接するようにしましょう。

ハムスターの視界に入るように気をつける

おやつをあげたり、ハムスターを手で持ったりするときは、ハムスターの視界に入るようにしましょう。後ろや真上から手を出すと、びっくりしてしまいます。

くつろいでいる時間帯がならし時

夕方の活動時間、食事後のリラックスしている時がいいタイミング。寝ているところを無理に起こしたりするのはやめましょう。

おやつを上手に使おう

ハムスターと仲良くなるために、ぜひ利用したいのが彼らの好物。ひまわりの種や野菜、果物など、好きなフードを手渡しであげることで、ハムスターは「おいしいものをくれる人」と飼い主さんを認識して、警戒心を持たなくなっていくことでしょう。

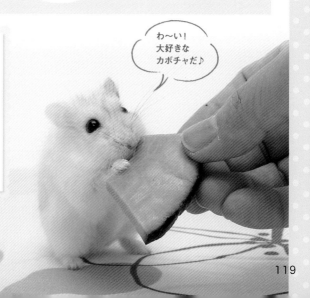

119

安心安全な持ち方を覚えよう

 ## 無理をしないで、少しずつ練習しよう

ハムスターが新しい環境になれて、飼い主さんとの信頼関係ができてきたら、手で持つ練習をしてみましょう。ケージの大掃除や動物病院へ連れていくときなどには、ハムスターをケージから移動させる必要があります。また健康チェックや体のお手入れをするためにも、なるべく持てるようになっておいたほうがいいでしょう。

体が小さく、デリケートなので、無理やりつかんだり押さえつけたりするのは、絶対にやめましょう。声をかけてから、てのひら全体で包み込むようにやさしく持つのがコツです。

触られるとイヤな部位、大丈夫な部位

OK 首すじ
持つときに、首すじの皮を軽く引っ張ると、落ち着きやすくなります。

OK 背中
首すじから背中にかけて、指でやさしくなでると喜ぶ場合が多いです。指先でそっと、毛並みにそってなでるのがポイントです。

NG しっぽ
とても敏感な部位なので、触らないで。引っ張るのは絶対にやめて。

NG 耳
敏感なので、触られるのを嫌います。強く引っ張ったりしないこと。やさしく触れるくらいなら、問題ありません。

NG おなか
軽くなでているつもりでも、ハムスターは痛がることがあります。

NG 足
引っ張ると脱臼などしてしまうことも。指は特に細く繊細なので、ぎゅっとつかんだりしないように気をつけましょう。

持つときはここに注意

❶ まず声をかけてから持とう

急に手を伸ばして持ち上げようとすると驚いてしまうので、やさしく名前を呼んでから、手のひらに乗せるようにして持ちましょう。

ハムちゃん、抱っこするよー

❷ さわられて嫌な場所は避ける

しっぽやおなか、足などは、触られるのを嫌がるハムスターが多いもの。触れないようにしましょう（左ページ参照）。

❸ 落下や脱走に要注意

なれていなかったり、機嫌が悪かったりするときは、手からとびはねるように逃げることがあります。高い場所からとび降りると、骨折などケガの危険も。気をつけましょう。

こんな持ち方は NG！

✕ 後ろや上から手を出す

野生では天敵が多いため、後ろや上から手を出すと、鳥などが襲ってきたのかと思ってびっくりしてしまいます。

✕ 無理やりつかもうとする

寝起きやおなかがすいているときなど、きげんの悪いときに無理につかもうとすると、かまれることがあります。

品種による差や個体差があるので、無理はしないで

ロボロフスキーはとてもおくびょうで、体に触れられるのを嫌がる個体が多いです。手で持つのは無理な場合も多いので、決して無理しないで。またゴールデンハムスターやジャンガリアンハムスターでも、個体差があり、触れられるのを嫌う場合もあります。様子を見ながら、無理せず、少しずつ練習していきましょう。どうしても難しければ、123ページにあるコップを使った持ち方で移動しましょう。

おくびょうで警戒心が強い、ロボロフスキーハムスター。無理に持つ練習をしなくてもかまいません。

ハムスターの安全な持ち方

ハムスターが安心して手に乗るようになるには、飼い主さんがリラックスしていることも大切です。あわてずあせらず、練習してみましょう。

1 名前を呼んでから手を出す

まずはハムスターの名前を呼びながら、そっと前から手を近づけます。

2 両側に手を寄せる

ハムスターの両側に手を寄せて、両手でそっと包み込むようにします。

3 やさしく包むように持つ

両手でやさしく包み込んだ状態のまま、持ち上げます。

4 座ってひざの上で持つ

急にとび降りようとすることがあるので、ひざの上にのせて、座って持つと安心です。

逃げ出そうとするときは、手を交互に出すといい

　ハムスターが手のすき間から逃げようとしたり、腕を登ろうとしたりすることがあります。そんなときは、もう一方の手をハムスターの前に出してみましょう。ハムスターは前へ進んでこようとするので、左右の手を交互に出して歩かせれば、逃げることができません。

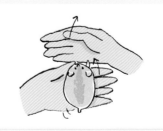

カップを活用した持ち方をマスター

手で持つのがむずかしい場合、カップを使って移動させることもできます。写真のようにプラスチックの半透明のカップを使うと、中の様子も見られてよいでしょう。

1 カップをハムスターの前に置く

ハムスターをカップの中へ誘導します。片手でカップを持ち、もう片方の手でハムスターをカップの中に追い込むようにするとうまくいきます。

2 カップをゆっくり起こす

ハムスターがカップの中に入ってきたら、まっすぐにして、ゆっくりと持ち上げます。

3 手でふたをしてから、移動させる

外にとび出さないように、片方の手でふたをしてから移動します。かみぐせがあり、手でふたをするのが怖い場合は、キッチンミトンなどをはめてふたをすると安全です。

4 静かにカップを置く

移動したら、ふたをしていたほうの手を放し、自然に出てくるのを待ちます。

トイレットペーパーやラップの芯を使った移動方法もおすすめ

ハムスターは狭いところに入り込む習性があります。この習性を利用し、トイレットペーパーやラップの芯を置き、中にハムスターが入り込むのを待ちます。入ったら両手で出入り口になる両端をふさぎ、横にして移動させます。

ラップの芯

入りたい

？

手で両端をふさぐ

手乗りハムスターにする方法

仲良くなれるうえに、お世話も楽になる

「ハムスターを手乗りにして、一緒に遊びたい」という飼い主さんは多いことでしょう。ハムスターが自分から飼い主さんの手に乗って来てくれるようになると、楽しいのはもちろん、健康チェックなどのお世話がしやすくなります。

個体差があり、手乗りにすぐになることもあれば、そうではないこともあ

ります。まずは「人間の手はこわいものではない」ということを理解させます。最初は好物のおやつを使ってみましょう。手渡しで食べものをもらうことになれると、人間の手に警戒心がなくなってきます。自分から近づいて来るようになったら、あと少し。次第に食べものがなくても、人間の手に乗るようになってきます。

ジャンガリアンは、手乗りになりやすい個体が多い。

check!

手乗りの練習ポイント

❶ においを覚えてもらうことが大事

ハムスターは、においで敵か味方かを判断します。まずは好きな食べものをあげながら、飼い主さんの手のにおいを覚えてもらいましょう。

おいしいものをくれるから味方なんだ！

❷ 手乗りにならない場合は無理しない

ジャンガリアンやゴールデンは手乗りになりやすいですが、ロボロフスキーは警戒心が強いため、手乗りになりにくいようです。またキャンベルもかむことが多いので、注意が必要です。個体差もあり、性格的に手乗りになりにくいこともあります。無理せず、ハムスターのペースに合わせて練習していきましょう。

手乗りハムスターにするプロセス

ハムスターは夕方から活動的になってきます。
手乗りの練習も、彼らが活発になっている夕方から夜にかけてするといいでしょう。

1 手渡しで 食べものをあげてみる

おいしそう！

まずは手から食べものをあげて、飼い主さんのにおいをハムスターに覚えさせましょう。指先で食べものをつかみ、ハムスターの顔の前に差し出します。ハムスターが自分から近づいて、食べるのを待ちましょう。

2 手のひらに 食べものを乗せて待つ

手から食べることになれてきたら、指の上に好物を置いて、食べるのを待ちましょう。指から食べるようになったら、少しずつ食べものを置く位置を手のひらのほうに移動させていきます。

3 手に乗ってきたら、 動かさずに安心させる

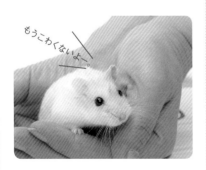

もうこわくないよ。

手のひらで落ち着けるようになったら、反対の手を添えて包み込むようにします。スムーズに手のひらに乗るようになってきたら、食べものなしでもチャレンジしてみましょう。

ここに注意 ハムスターと遊んだ後は、手をしっかり洗おう

ハムスターとふれあった後は、せっけんを使って、しっかり手を洗いましょう。ハムスターから人間にうつる病気もあるので、衛生管理は忘れずに。

HAND SOAP

できる範囲で
体のお手入れを

嫌がるときは無理しないで

ハムスターは自分で砂浴びをしたり、毛づくろいをしたりして、体をきれいにしています。また動き回ることで、爪も自然にすり減っています。そのため、ブラッシングや爪切りは頻繁にする必要はありません。

もし嫌がらなければ、被毛の生え変わりの時期や、爪が伸びてしまったときに、お手入れしてあげましょう。嫌がる場合は無理せずに、獣医さんにお願いしてもいいでしょう。

年を取ったり、病気になったりすると、毛づくろいをしなくなって毛づやが悪くなったり、動き回らなくなって爪が伸びやすくなることも。必要に応じて、お手入れしてあげましょう。

長毛種のハムスターは毛玉ができやすいので、時々ブラッシングしてあげるといいでしょう。

ここに注意 体がぬれるのを嫌うので、シャンプーはなるべくしないで

ハムスターには水浴びの習慣がないため、体がぬれるとストレスになります。また体が冷えて、風邪をひいてしまうこともあります。ハムスターはほとんどにおいがしないので、シャンプーの必要はありません。

下痢をしたときなどは、お湯でぬらしたティッシュペーパーやタオルなどで、やさしく拭いてあげましょう。

●長毛種や被毛の生え変わりの時期に

ブラッシング

長毛種は毛が汚れやすく、毛玉ができやすいもの。定期的にブラッシングを行いましょう。短毛種の場合も、春や秋の換毛期にはブラッシングを。小動物用のブラシで、やさしく背中側を毛並みに沿ってといてあげましょう。おなかや頭はハムスターがこわがることが多いので、無理にしなくてOKです。

ブラシでやさしく

ハムスターの体のお手入れのコツ

やさしく
お手入れしてね～

健康チェック（168～169 ページ参照）をするときに、爪が伸び過ぎていないか？　毛づやが悪くないか？　長毛種の場合は毛玉ができていないか？　などをチェック。

気になったら、お手入れをしてあげましょう。

タテに切り込みを入れる

毛玉

皮膚

●長毛種のハムスターに

毛玉の除去

長毛種のハムスターは、伸びた毛が絡んで毛玉になってしまいがちです。足に絡まってケガする危険もあるので、ハサミを使って毛玉を取ってあげましょう。毛玉に皮膚が絡んでしまっていることがあるので、毛玉に縦に切り込みを入れて、慎重に切り取るようにしましょう。

●切る位置に注意して

爪切り

爪の先が足の内側に向かって丸く曲がっているときは、伸び過ぎです。はさみ式の爪切りで、慎重に切ってあげましょう。爪には血管が通っているため、まず光にすかして血管を確認し、数ミリ離れた場所を切るようにします。爪切りを嫌がって暴れる場合も多いので、そんなときは無理せず、獣医さんに切ってもらいましょう。

OK

NG

伸びすぎ

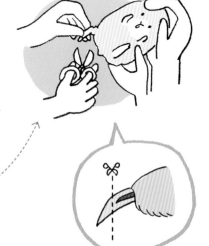

子どもとハムスターが仲良くなるには

家族の一員として迎えることが大事

ハムスターは、子どもたちにも人気があります。体も小さく、お世話もそれほど大変ではないので、子どもが飼うことも難しくはありません。しかし、しばらくしたら子どもが飽きてしまい、親が世話をすることになってしまったというケースも多いようです。

小学校高学年くらいの子どもだったら、自分で世話ができるかを本人に確認してから飼うようにしましょう。お世話をするのが難しい小さい子どもたちにも「家族の一員としてハムスターを迎える」という意識を持たせるようにしたいものです。

ハムスターが来たらどんなふうにお世話をするかなどを、事前に家族で話し合っておくといいですね。ハムスターを迎える前に、子どもたちにもハムスターのいる生活をイメージしてもらうことが大事です。

飼い始める前に、ハムスターとのつきあい方をきちんと子どもに教えてあげましょう。

check!

子どもとハムスターのふれあいのコツ

ごはんだよ～

❶ 時間を決めてふれあうようにする

かわいいハムスターを目の前にすると、子どもたちは長い時間、遊びたがります。ハムスターがストレスをためてしまわないように、「1回30分まで」など時間を決めて、ふれあうようにしましょう。

❷ 毎日のお世話も、年齢に応じてさせてみる

フードや水の交換などのお世話を、少しずつ子どもにもさせてあげるといいでしょう。最初は必ず大人が付き添って、お手本を見せてあげるようにしましょう。

かまい過ぎはストレスになることを教えよう

ハムスターは犬や猫のように鳴き声をたてたりしないので、嫌がっているのが子どもたちにはわかりにくいかもしれません。しかし嫌なことをされると急にかみつくこともあるので、子どもがハムスターを手で持ったりする場合は注意が必要です。

ある小学校で飼われていたハムスターは子どもたちにかまわれすぎて、ストレスから脱毛症になってしまったそうです。力加減がわからず、子どもがハムスターを強くつかんでしまい、ケガさせてしまった例もあります。

安全に子どもたちがハムスターとふれあい、ハムスターにも過度のストレスを与えないように、身近にいる大人たちがつきあい方のルールを決めるようにするといいでしょう。

ハムスターが嫌がることをしない
強くつかむと苦しいので、やさしく持ってあげましょう。

マスク、手袋でアレルギー対策
アレルギーが気になる場合は、マスクや手袋をしてお世話をするといいでしょう。

いきなり手を出さない
ハムスターがびっくりして、手をかむこともあるので気をつけて。

大人もお世話を手伝って
ケージのそうじなど、子どもにはお世話がしにくいことは、大人が手伝いましょう。

手乗りにする練習は安全を確保した場所で

子どもがハムスターを手乗りにしたいというときは、床に直接腰を下ろして、低い位置で練習を。また床にはダンボールなどを敷いて、万が一子どもがハムスターを落としたときに、ケガをしないような工夫をしておくと安心です。

運動不足とストレス解消に遊びを活用

運動や遊びは健康維持に欠かせない

野生のハムスターは食べものを探したり、なわばりを見張るために、1日に数10kmくらいの距離を走り回ることもめずらしくありません。でも一日中ケージの中で過ごすペットのハムスターは、運動不足になりがちです。おもちゃをケージに入れてあげて、楽しみながら体を動かせるようにしてあげましょう。

運動不足解消に最もおすすめなのが、回し車です。回し車のほかにも、トンネルや砂浴び、かじって遊べるおもちゃなどは、彼らの本能を刺激して、ストレス解消に役立ちます。おもちゃをケージに入れるときは、狭くならないように気をつけて。少し広めのケージを使ったほうがいいでしょう（88〜89ページ参照）。

運動不足は肥満の原因にもなります。ハムスターが楽しく体を動かせるおもちゃを選んであげましょう。

check!

遊ばせるときの基本

❶ ケージの中の運動で十分

ケージの外に出して運動させる必要はありません。動きが素早いので、家具のすき間などに隠れて、迷子になってしまうおそれがあります。

❷ おもちゃは好き嫌いがあるので、様子を見て

おもちゃに興味を持ったり、持たなかったり、ハムスターによって反応はまちまちです。あまり興味がなさそうだったら、ケージから取り外しましょう。

プイッ
しょうがないか〜

❸ 安全には細心の注意を払って

おもちゃを選ぶときは、安全性が重要。体の大きさに合った、安全な素材で作られたものを選んで。すき間などにはさまってケガをしないように、セッティングもしっかりと。

ハムスターが好むの例

ハムスターのおもちゃは、
いろいろな種類のものが市販されています。
体の大きさに合った、安全に遊べるものを
選んであげましょう。

● 回し車

　回し車はハムスターの「走り回りたい」と
いう欲求を満足させてくれます。ドワーフ用、
ゴールデン用などがあるので、ハムスターの
体のサイズに合ったものを選ぶようにしま
しょう。また夜に運動しても音が気にならな
いように、消音タイプのものもあります。

ここに注意 赤ちゃんや高齢のハムスター、妊娠中のメスは体に負担がかかることがあるので、回し車で遊ぶのは避けたほうがいいでしょう。

回す部分にすき間のあるタイプは、足をはさんでケガする
ことがあります。すき間のないタイプを選びましょう。

● トンネル

　野生のハムスターは、地面の下に巣穴を
作って生活しています。そのため狭いところ
をくぐり抜けるのが大好きです。プラスチッ
クの透明なトンネルは、中の様子がチェック
できますし、丸洗いできるので清潔に保てま
す。木製のタイプはかじって遊ぶこともでき
ます。

ここに注意 何本もつなげられるタイプのものもありますが、縦方向に長くして、高さをつけ過ぎると落下の危険があるので気をつけましょう。

プラスチック製のつなぎ合わせられるタイプは、
長いトンネルを作るのも簡単です。

ここに注意 ハムスターボールは使わないで

　ハムスターを透明なボールの中に入れて
遊ばせる"ハムスターボール"は、自分で止
まることができず、ストレスを与えてしまい
ます。また壁にぶつかって、ケガをして
しまう危険も。使わないようにしましょう。

出して〜

木製のタイプは、かじって遊ぶこともできます。

● 砂浴び

野生のハムスターは砂に背中などをこすりつけて、体の汚れを取ります。ペットのハムスターも砂場を作ってあげると、砂浴びを楽しむことがあります。小鳥のエサ入れのような少し大きめの陶器の器に、砂を入れてあげましょう。

> **ここに注意** 砂場をトイレ代わりにして、中で尿をしてしまう場合があります。そんなときは、砂場を常設しないで、ハムスターが活発な時間帯にだけ砂場を入れて、遊んだあとは取り出しましょう。

● 穴掘り遊び

ハムスターは前足を器用に使って土を掘り、地中に巣穴を作って生活しています。「掘りたい」という欲求を満たしてあげる"穴掘り遊び"も好きです。ケージの中の床材を厚めに敷いてあげると、穴掘りを始めることもあります。

> **ここに注意** 土を使えば、より自然に近い穴掘り遊びが楽しめるのでは？と思う飼い主さんもいるかもしれません。しかし土は清潔に保ちにくいので避けたほうがいいでしょう。

"フード探し"でハムスターの本能を刺激

本来、動物にとって「食べものを探す」という行動は、何より重要です。最近、犬や猫、小鳥などのペットや、動物園での飼育に「フード探し＝フォージング」が取り入れられることがあります。ハムスターにとっても、フード探しは楽しい遊びです。

例えばヒマワリの種などの好物を床材の下のほうに隠しておくと、優れた嗅覚を駆使して掘り出してきます。巣箱の奥に隠しておいてもいいでしょう。自分で食べものを探し出すことで本能が満たされ、いい刺激になります。

広い場所で遊ばせるときは、安全に注意

一日中ケージの中で過ごしているハムスター。時には、広い場所で思いっきり走り回らせてあげたいと思う飼い主さんも多いことでしょう。部屋の中にハムスターを放して遊ばせる飼い主さんもいますが、万が一どこかに隠れてしまったとき、捜索するのはかなり大変です。

小動物用のサークルやダンボールなどで囲いを作り、その中で遊ばせるのがおすすめです。また大きめのプラスチック製の衣装ケースにたっぷり床材を入れてあげると、思いっきり穴掘り遊びが楽しめます。

囲いの中に好きなおもちゃなどを入れてプレイルームに

サークルやダンボールで囲った中に、トンネルやかじるおもちゃなどを入れてあげれば、ちょっとした遊園地気分。

段ボールで囲んでもOK!

家にあるもので、おもちゃを作るのも楽しい

トイレットペーパーの芯のトンネル、ダンボールの迷路など、家にあるものを使って手軽に手作りおもちゃができます。素材は、口にしても危険がないものを選びましょう。

接着する場合もガムテープやホチキスは使わず、でんぷんなどの安全な素材で作られたのりなどを使うようにすれば安心です。

くんくん

?

ここに注意

ケージから出して遊ばせるときは目を離さないで

ケージから出して遊ばせるときは、目を離さないようにしましょう。ハムスターがサークルによじ登ったり、ダンボールをかじったりして、何とかして囲いの外に出ようとして、本当に出てしまうことがあるからです。

また万が一脱走したときにあぶなくないように、部屋の中に危険物がないかを確認しておくことも大事です（106〜107ページ参照）。

スムーズな移動のコツ

 ## なるべくストレスが少なくなるように注意

ハムスターは環境の変化に敏感で、ストレスを感じやすい動物です。そのため外出はなるべく避けたほうがいいのですが、動物病院への通院、飼い主さんの帰省や引っ越しなどで、移動しなければいけないこともあります。そんなときは、なるべくハムスターが快適に移動できるように気をつけてあげましょう。

移動時には、キャリーケースを使うのがおすすめです。夏は保冷剤、冬はカイロなどを貼り付けて、温度調整はこまめにしましょう。移動手段は電車やバスより、乗用車のほうが外界からの刺激が少なく、温度調節などもしやすいのでおすすめです。

快適に
過ごせるように
準備してね

水飲みボトルと食器がついた、お出かけ用のキャリーケースは、移動のときも便利です。

check!

外出するときの心得

はい！
休憩時間だよ〜

ワーイ♪

❶ 移動時間はなるべく短く

なるべく短時間で行き来できるように、計画を立てましょう。

❷ 温度の変化には細心の注意を

ハムスターは特に暑さに弱いです。移動中の温度管理をしっかりと。

❸ フードや水をタイミングよくあげて

移動が長時間になるときは、途中で休憩時間を入れて、フードや水を与えましょう。

車で外出するときの注意点

⭐ **キャリーケースに入れて
振動の少ない場所に乗せる**

車で移動するときは、直射日光やエアコンの風が当たらない、振動の少ない場所を選んで乗せましょう。後部座席にキャリーケースを置き、ときどき中の様子を見るようにします。飼い主さん以外に運転する人がいるなら、ひざの上にキャリーケースを置くなどして、なるべくキャリーケースが揺れないようにしてあげましょう。

少量のペレットや種子、
水分補給用に水気の多い野菜も
少し入れておく

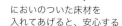

夏は保冷剤、
冬はカイロで温度調整を

においのついた床材を
入れてあげると、安心する

電車や飛行機を利用するときの注意点

⭐ **持ち込めるかどうかを
事前にチェックしておこう**

電車やバスでは、キャリーケースは手荷物として持ち込めます。ただしラッシュの時間帯は避けましょう。飛行機では手荷物として持ち込めるのか、貨物室に預けることになるのかを事前に確認しておきましょう。手続きや別途料金が必要になることもあるので、各交通機関に問い合わせを。

**体調が悪いときは、
外出は延期にしよう**

おなかの調子が悪くて下痢をしている。目ヤニや鼻水が出ている。食欲がなく、元気がない。そんなときは、外出は中止しましょう。ハムスターの体調がいいときでも、道路の渋滞がひどそうだったり、猛暑や大雨などで天候がよくなかったりしたら、連れ出すのはやめたほうがいいでしょう。

かわいい写真や動画を撮る

 ## タイミングを逃さず、ベストショットを狙おう

　かわいいハムスターの写真を撮って、SNSにアップしたい。そんな飼い主さんは多いことでしょう。

　ハムスターはすばしっこく動き、カメラを向けてもじっとしていてくれません。かわいい表情やしぐさをベストなタイミングで撮影するのはなかなか難しいものです。

　まずはハムスターの行動をよく観察して、シャッターチャンスを見計らいましょう。使用するカメラはスマートフォンでもかまいません。ただしデジタル一眼レフやミラーレス一眼などの高性能なカメラを使うと、オートフォーカスの性能が高いため、ピントが合いやすくなります。またバックをぼかした雰囲気のある写真が撮れて、よりハムスターの愛らしい表情を際立たせることができます。

かわいく撮ってね

---

check!

ハムスターをかわいく撮るコツ

❶ よく観察して、いい表情を狙う

　ふだんからハムスターの行動を観察して、どんな動きや表情を見せてくれるかを知っておくと、いざ写真を撮るときにいい表情をとらえることができます。

❷ カメラの使い方に慣れておく

　自動的に撮影シーンに適した設定になるオートモードを使ってもいいのですが、バックをぼかしたいときは、自分でシャッタースピードや絞りの調整をする必要があります。カメラの使い方になれておくといいでしょう。

ふむ
このポーズも
カワイイな！

カシャ

❸ 動画から静止画を切り出すのもおすすめ

　いい表情が撮れなかったりするときは、動画で撮影しておいて、そこから静止画を切り出してもいいでしょう。

撮影時にこんな工夫をしてみよう

　ハムスターの愛らしい写真を撮るためには、ちょっとした工夫が肝心です。小物などをうまく活用すれば、SNS映えする写真になりますよ。

かごやカップなどで行動を制限

かごやカップなどの容器にハムスターを入れると、行動範囲が狭まるため、撮りやすくなります。ただしハムスターによっては、急に逃げ出してしまうこともあるので要注意です。

好きなフードを活用する

ハムスターの動きを止めたり、誘導したりするときには、好きなフードを使うといいでしょう。好物に気を取られて、しばらくの間、動作が止まり、撮影がしやすくなります。

背景をすっきりさせる

ハムスターが画面の中で引き立つように、背景がごちゃごちゃしていない場所で撮影しましょう。テーブルなどの上にクロスを敷いて撮影すると、背景がすっきりします。

撮影するアングルを変えてみる

「やや上から撮る」、「正面から撮る」といったようにアングルを変えることで、写真の雰囲気はかなり変わります。全身を入れた動きのある写真を撮るときは、やや上からがおすすめ。またハムスターと同じ目線で正面から撮ると、表情がよくわかる写真になります。いろんなアングルで撮影してみましょう。

ここに注意
動画は長く撮りすぎないように注意

　スマートフォンはもちろん、最近のデジカメには動画機能も付いているので、ちょこまか動くハムスターの姿を撮影するのもおすすめです。動画を撮るときは、一度に撮る時間が長くなりすぎないように気をつけましょう。データ容量が大きくなり、SNSにアップするときなどに編集するとき、手間がかかってしまいます。

赤ちゃんを増やしたいときは

きちんと育てられるかを考えておこう

ハムスターは繁殖力が強く、一度に多くの赤ちゃんを産みます。ゴールデンは平均8匹、ドワーフは平均4匹です。生まれてきた赤ちゃんを、一人ですべて育てるのはなかなか大変です。事前に里親になってくれる人を探しておきましょう。

また妊娠、出産はメスの体に負担がかかります。健康状態に問題はないかをチェックして、安産できるようにしっかり準備をしましょう。繁殖に適した月齢は、メスは3カ月から1才くらい、オスは3カ月から1才半くらいまでです。なお兄妹などの近親交配は、遺伝的に問題があるので避けましょう。

赤ちゃんハムスターは体を寄せ合って、温め合います。

真夏や真冬はなるべく避けて繁殖を

ハムスターは一年中繁殖できますが、体力が落ちる真夏や真冬は向いていません。気候がよく過ごしやすい春や秋に出産・子育てができるように、時期を考えて繁殖させましょう。

繁殖に適したハムスターの条件

☐ **繁殖が可能な月齢で、健康状態がよい**

個体差はありますが、生後3カ月くらいから繁殖が可能。高齢になると出産にリスクを伴うので、メスは1歳くらいまで、オスは1歳半くらいまでが適齢期。また病気がなく、やせすぎたり、太りすぎたりしていないことも大切。

メスは3カ月〜1歳くらい

オスは3カ月〜1歳半くらい

☐ **同じ種類どうし**

ハムスターは違う種類のオスとメスで赤ちゃんを増やすことはできません。ゴールデンならゴールデンどうし、ジャンガリアンならジャンガリアンどうしで繁殖を。

☐ **血のつながりがない**

親子やきょうだいでの繁殖は、遺伝的に健康上の問題が発生する確率が高いので、避けましょう。

STEP 1 まずはお見合いからスタート

ハムスターは気温20〜22℃、日照時間も12〜14時間くらいあると、
発情しやすくなります。環境を整えて、お見合いをサポートしましょう。

1 ケージ越しにお見合いさせる

オスとメスのケージを隣り合わせに置いて、お互いの姿やにおいになれさせます。メスは4日に一度発情するので、少なくとも4日は様子を見てみましょう。水槽の場合でもにおいでお互いの存在を認識するので、相性がいいかどうかがわかります。

2 メスが発情したら、オスのケージに入れる

メスの生殖器からクモの糸のような半透明の液体が出たら、発情のサイン。メスは自分のなわばりにオスが入ってくることを嫌がるので、メスをオスのケージに入れてみましょう。

Point

けんかしてしまったり、長時間にわたって威嚇していたりしたら、2匹を離しましょう。興奮してかみつくことがあるので、軍手をはめてから移動させて。そのあとは1週間以上あけてから、再チャレンジを。

3 交尾を確認したら、メスをケージに戻す

交尾は1時間くらいの間、繰り返し行われます。交尾が終わるとメスは攻撃的になることがあるので、すぐにもとのケージに戻しましょう。

4 メスに膣栓が見られたら、妊娠は成功

交尾の後、20〜24時間後くらいにメスの生殖器に膣栓（ろうのような白っぽいかたまり）が見られたら、妊娠している証拠です。10日ほどすると、下腹部が大きくなってきます。

出産までは落ち着ける環境づくりを

交尾が成功したら、無事に出産できるように環境を整えましょう。
食事も栄養がしっかりとれるように、工夫してあげて。

●出産までのお世話のポイント

妊娠したら、無事に赤ちゃんが生まれてくるように環境を整えましょう。ハムスターの妊娠期間は、ゴールデンで16〜18日、ドワーフで17〜21日くらいで、あっという間に出産を迎えます。

□ 栄養たっぷりの食事をあげて

妊娠中はタンパク質、ビタミン、ミネラルがしっかりとれるようにしてあげましょう。普段のペレットや穀類、野菜などに加えて、ひまわりの種などの油種子、チーズや煮干し、ペット用ミルクなどの動物性タンパク質を毎日あげましょう。水分も多く必要なので、水もたっぷりと。

巣作りを始めたら、そうじも控えて

出産の2〜3日前になると、せっせと巣を整え始めます。この期間はなるべくかまわず、そっと見守ってあげましょう。巣材はたっぷりケージの中に入れてあげましょう。

□ 出産用ケージを準備しよう

ケージの中で安全に出産できるように、環境を整えてあげましょう。金網タイプのケージだと赤ちゃんハムスターが脱走したり、足をはさんでケガするおそれがあるので、水槽タイプのものがおすすめ。ケージの中には巣材をたっぷり入れ、普段使っているよりひと回り大きめの出産用の巣箱を入れるようにします。運動はさせないほうがいいので、回し車は外します。

□ 静かな環境を保ち、刺激は少なく

妊娠中のメスはデリケートになっています。毎日のお世話は必要最低限のそうじと、食事と水の交換だけにして、あとは静かに過ごせるようにしてあげて。落ち着かないようだったら、ケージのまわりをダンボールで覆ってあげましょう。ただし真っ暗にしてしまうと昼夜の差がわからなくなるので、一面だけは開けておきましょう。

STEP 3 出産・子育ては、ママハムにおまかせ

ハムスターの出産、育児はメス1匹だけで行います。
赤ちゃんが離乳するまでの間は、母親ハムスターにすべてまかせておいて大丈夫です。

● 最初の1週間は静かに見守って

　出産はだいたい静かな深夜から早朝にかけて行われます。一度に数匹産みますが、安産なことが多いです。離乳前の赤ちゃんに人間のにおいがつくと育児放棄してしまうことがあるので、さわらないようにしましょう。生後1週間はそっと見守るだけにして、栄養バランスのよい食事と水を十分に与えましょう。

かいがいしくお世話をするママハムを見守ってあげましょう。

check!

子育て中の注意点

☐ **栄養価の高いフードと水をたっぷり**
　母乳を飲ませる母親ハムスターには、栄養豊富な食事が欠かせません。特にタンパク質やカルシウムはたっぷりと。水分も多めに与えましょう。

☐ **そうじは控えめに**
　赤ちゃんの離乳が済むまでは、そうじをひかえましょう。ただし不衛生な環境はよくないので、排泄物で汚れた床材は取り替えましょう。

☐ **ケージには近寄らない**
　赤ちゃんが生まれてしばらくは、そっとしておきましょう。驚いて母親が赤ちゃんを食べてしまうこともあります。

赤ちゃんハムスターの成長

1 生後5日くらい

生まれた直後は赤かった肌が、生後数日で黒ずんできます。その後、頭→背中→足の付け根→おなかの順番で、少しずつ毛が生えてきます。

2 生後10日くらい

生まれて1週間くらい経つと、よちよち歩き始めます。その後12〜17日くらいで、全身の毛が生えそろい、次第に目も開くようになってきます。

3 生後3週間くらい

生まれて3週間くらい経つと、母乳だけでなく、フードを食べるようになります。体つきもしっかりしてきて、生後1カ月くらいで離乳します。

ハムスターとの暮らし Q & A

 ## 不安があったら獣医さんに相談を

ハムスターと暮らしているうちに、いろいろな不安や疑問が出てくることもあるでしょう。どのように接していいかわからないとき、なぜそんなことをするのかが理解できないときなどは、ハムスターに詳しい獣医さんに相談するのがいいでしょう。

また犬や猫などに比べると、ハムスターはしつけをするのが難しく、トイレの場所などは覚えないこともあります。飼い主さんが「こうしてほしい」と思うことをハムスターができなくても、決してしからないで。ハムスターとの信頼関係がくずれてしまいます。楽しく、仲良く暮らせるように、ハムスターのことを理解してあげましょう。

ハムスターのことをよく理解してあげることが、一緒に暮らすうえでは欠かせません。

Q1 手を出すとかみついてきて、なかなかなれてくれません。

根気よく接して、飼い主さんがこわい存在ではないことを教えてあげましょう。

A 無理せず、少しずつならしていきましょう

ハムスターには個体差があり、シャイな個体もいれば、人なつっこい個体もいます。飼い主さんになかなかなつかない場合は、ゆっくり時間をかけてならしていきましょう。

自然界では捕食の対象であるため、ハムスターの警戒心が強いのは仕方ありません。まずはケージの中が安全で快適な場所だと理解してもらえるように、そっと見守ってあげて。環境に適応してくれれば、少しずつ余裕が出てきて、飼い主さんとも仲良しになっていけることでしょう。

またロボロフスキーは、人間になつかないことが多いです。かわいい姿を観賞して楽しみましょう。

Q2 トイレを何度教えても、まったく覚えてくれません。

A どうしても覚えなかったら、そうじをこまめに

野生のハムスターは、巣穴の中で寝床からいちばん遠い場所で用を足す習性があります。ハムスターにトイレの場所を覚えてもらうには、この習性を利用するのがポイントです（102〜103ページ参照）。

ただしどうしても覚えない場合もあります。できないからといってしかっても、効果はありません。どうしても覚えなかったら、好きな場所でさせて、ケージの掃除をこまめにしましょう。

トイレの中には、尿のにおいがついた砂を残しておきましょう。

Q3 かじりぐせがひどいのですが、対処法はありますか？

A かじるおもちゃなどでストレス発散を

ものをかじるのはハムスターの本能です。そのためしつけでやめさせるのは、難しいものです。しかしケージの金網や、プラスチックの食器やおもちゃなどをかじると、歯を傷めてしまいます。

かじりぐせのある場合はケージは水槽タイプにして、かじれない陶器製の食器や、かじっても安全な木製の巣箱やおもちゃを与えてあげて。口にしても安全な素材でできたおもちゃで、ストレスを発散させてあげましょう。

いぐさでできたかじるおもちゃは、食べても安全。

Q4 夜、回し車をずっと回していて、音が気になるのですが。

A ケージの置き場所を変えるなどして対応を

ハムスターは夜行性なので、夜間に活動的になるのは、仕方ないことです。回し車の音が気になるようなら、静音タイプのものに変えるとかなり静かになります。また明るいと落ち着かないので、部屋の電気を消す、ケージに布をかけるなどして、暗くしてあげましょう。少し静かになることもあります。それでも音が気になるようなら、ケージの置き場所を飼い主さんの寝室から離すなどの対処を。

回し車を回すことは運動不足やストレスの解消になります。
音が気にならないような対応策を考えましょう。

思いもよらないアクシデントにご注意！
ハムスター事件簿

脱走しないように
くれぐれもご注意

　ケージのふたをロックし忘れたり、手乗りにして遊んでいたりするときに、ちょっと目を離したすきにハムスターが脱走してしまうことは間々あります。そんなときは、あわてずに捜索しましょう（108〜109ページ参照）。

　しかし、探してもなかなか見つからないこともあります。ここでは実際にあった"ハムスター事件簿"を紹介します。ハムスターがケガをしたり、命の危険にさらされないように、飼い主さんは十分に注意してあげましょう。

頬袋の中に食べ物を貯め込むと、こんなに顔が大きくなります。

 事件簿……1

小学校で飼っていた
ハムスターが脱走。
隠れていた意外な場所は……

　ハムスターはお世話が比較的しやすいので、小学校で飼育されているケースも多いもの。ある小学校で、うっかりケージをロックし忘れて、ハムスターが脱走。捜索したところ、なんとチョーク入れの中に潜んでいました。適度な狭さが巣箱のようで居心地がよかったのかもしれませんね。

 事件簿……2

大好物のヒマワリの種。
頬袋に詰めすぎた結果は……

　ハムスターの頬袋は伸び縮みする細胞でできていて、びっくりするほど広がります。大好物のヒマワリの種などを貯め込むと、顔が2倍近い大きさになり、巣箱に入れなくなったりすることも。頬袋があまりに大きくなっているのに気づいたら、飼い主さんが口を開けて、中のものを出してあげましょう。

 事件簿……3

幼稚園で、ストレスで脱毛
発見時には毛がフサフサに!!

　ある幼稚園で飼われていたハムスターは、園児たちに大人気。しかしたくさんの子どもにさわられたり、手で持たれたりするストレスは大きかったようで、毛が抜けてしまいました。

　ある時、ケージから脱走して、所在不明に……。しばらくして発見された時には、すっかり脱毛は治り、毛がフサフサになっていたとか。さわりすぎには気をつけてあげたいですね。

健康を守る食事メニュー

健康を守るための食事
3つの心得

ハムスターの健康を守るためには、
栄養バランスが取れた食事が欠かせません。
ペレットを主食に新鮮なフードを
毎日、適量あげるようにしましょう。

 1

主食はペレット
野菜や種子類を副食に

野生のハムスターは雑食性で、野草の
茎、根、穀類、昆虫など、いろいろなも
のを食べています。ペットのハムスター
にも、バランスよく適切な栄養素がとれ
る食事をあげましょう。

主食には、ペレットをあげましょう。
ペレットには、ハムスターに必要な栄養
素がほぼすべて含まれています。これに
野菜や野草、種子類などを少し加えるよ
うにしましょう。

 **2**

食事の時間は活発になる
夕方がベスト

ハムスターは夜行性なので、夕方頃に
目を覚まし、活発に動き始めます。食事
はこの時間帯に、1日1回与えます。飼
い主さんが仕事などで帰宅が遅くなるよ
うなら、夜になってもかまいません。

食事をあげるときは食べ残しを処分し
て、食器をきれいにしてから、新しいフ
ードを入れてあげて。フードを巣箱の中
などに隠していることもあるので、食べ
残しがないかチェックしましょう。

甘い果物、
大好き〜♪

心得 3

好物のあげすぎは
肥満のもとになる

「ハムスターはヒマワリの種が好き」
というイメージがある人も多いでしょう。
実際にヒマワリやカボチャの種などの油
種子、甘い果物などは、ハムスターの大
好物。

ハムスターが好きなものを喜んで食べ
る姿が見たくて、つい多めにあげてしま
うことも。与えすぎは肥満の原因になり
ます。気をつけましょう。

スキ♥　ヒマワリの種や
種子

ハムスターにあげたい食べもの

◎ ペレット

ハムスターに必要な栄養素がバラ
ンスよく配合されている。毎日の主
食は、これで OK。

◎ 種子類（穀類）
◯ 種子類（油種子）

ヒエ、アワ、キビなどの穀類と、
ヒマワリの種、アーモンドなどの油
種子に分かれるが、油種子は高脂肪、
高カロリー。2〜3日に1回程度に
しよう。

◎ 野菜

チンゲンサイ、コマツナ、ブロッ
コリー、ニンジンなどの緑黄色野菜
やキャベツがおすすめ。ビタミンな
どの補給に役立つ。

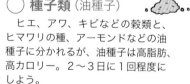

◎ … 毎日　　◯ … ときどき

◯ 果物

リンゴ、イチゴ、バナナ、パイナッ
プルなどを好むことが多い。糖分が
多いので、与えすぎに注意。

◯ 野草、牧草

新鮮な季節の野草や、繊維質の豊
富な牧草も、ビタミンや繊維質の補
給におすすめ。

◯ 動物性タンパク質

煮干し、チーズ、小動物用ミルク
などを、ときどき与えても OK。野
生では虫も食べていたので、ミル
ワームやコオロギなどが好きなハム
スターもいる。

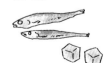

小動物用
ミルク

必要な栄養がとれるフードを適量あげて

 ## ペレットの量は体重の5〜10％が目安

ハムスターは、フードを食べ過ぎるとすぐに太ってしまいます。人間と同じく、肥満はさまざまな病気を引き起こします。主食のペレットは、ハムスターの体重の5〜10％を目安にあげるようにしましょう。

また副食として野菜や野草、果物、種子類を与える場合は、量を控えめにします。嗜好性が高い副食でおなかがいっぱいになってしまうと、ペレットを食べなくなってしまいます。特にヒマワリの種や甘い果物などは、コミュニケーションをとるためのおやつとして与えるようにして、ごく少量にしましょう。

適切な食事をあげることは、ハムスターの健康管理に役立ちます。

 ## 水はたっぷり用意して、いつでも飲めるように

新鮮な水をたっぷり飲めるようにしてあげて。

● 1日に飲む水の量の目安

ゴールデンハムスター	10 〜 30ml
ドワーフハムスター	5 〜 8ml

食事をあげるときに、1日1回水も新鮮なものに取り換えるようにしましょう。夏場は水が腐りやすいので、できれば1日2回取り換えます。あげる水は水道水でOK。ミネラルウォーターのミネラルは膀胱結石を引き起こす原因になることがあるので、避けたほうがいいでしょう。

1日にあげるメニューの例

ハムスターの食事は、総合栄養食のペレットをメインにしましょう。
あげすぎは肥満の原因になるので、量をきちんと決めてあげることが大切です。

ゴールデンハムスターの場合

◆**主食**：ペレット　10〜15g

＋

◆**副食**：野菜、種子類（穀物）、動物性
タンパク質などを添えてもよい
［例］コマツナ少々、小鳥のエサ少々、
　　　ペット用煮干し1〜2尾など

ドワーフハムスターの場合

◆**主食**：ペレット　3〜4g

＋

◆**副食**：野菜、種子類（穀物）、動物性
タンパク質などを添えてもよい
［例］ニンジン少々、小鳥用のエサ少々、
　　　ペット用チーズ少々など

check!

食事の量が適正かをチェックする方法

食事の適量は、個体差があります。成長期や妊娠中のハムスターは、栄養をしっかりとることが大事です。シニアになったら、食事の量や内容の見直しが必要になります（詳しくは210〜211ページ）。体重を定期的に測り、適量を食べられているかを確認。量や内容の見直しをするようにしましょう。

☐ **食べ残しはしていない？**

フード入れが空でも、巣箱に隠していて食べていないこともあります。巣箱の中も定期的にチェックしましょう。あまりにも食欲がない場合は、病気の疑いもあります。

☐ **体重が増えたり、減ったりしていない？**

体重が急に増えたり減ったりするときは、食事の内容や量に問題があるのかもしれません。獣医さんに相談してみましょう。

☐ **食いつきが悪くなっていない？**

ペレットの食いつきが悪くなっているときは、古くなって味が落ちていることも。また不正咬合（174ページ）を起こして、食べにくくなっている可能性もあります。

ペレットの選び方、あげ方のコツ

 ## 年齢や体調に応じてベストなものを選んで

ペレットは穀類などを粉末にして固めたもので、ハムスターに必要な栄養素がほぼすべて含まれています。ペレットの形状は粒状、平べったい形といろんなタイプがあります。

硬さもソフトタイプ、ハードタイプなど種類も豊富。選ぶときは、できるだけ硬いものを選びましょう。ハムスターの歯は伸び続けるため、硬いものを食べて歯をすり減らす必要があるからです。

なお病気治療中やシニアのハムスターには、食べやすいソフトタイプのペレットが適しています。ハムスターの年齢や体調に合ったものを選んであげましょう。

ゴールデンとドワーフ、それぞれに適した粒の大きさを選んで

ゴールデン用、ドワーフ用で、粒の大きさにも違いがあります。ゴールデンは小粒のペレットでは、食べごたえがありません、逆にドワーフは大粒だと食べづらいので、粒の小さなタイプがおすすめです。

●ゴールデンハムスター用

●ドワーフハムスター用

 ### ここに注意 ミックスフードは選り好みするので主食にするのは避けよう

市販のフードの中には、ペレットにヒマワリの種などの種子類や乾燥野菜が混ぜてある"ミックスフード"もあります。ミックスフードを与えると好物の種子類や野菜を選り好みして食べてしまい、栄養不足やカロリーオーバーの原因になってしまいます。

ペレットを選ぶときは、ここをチェック！

ペレットを購入するときは、パッケージに記載されている
成分表示や賞味期限などをしっかりチェックしましょう。

きちんとペレットを食べられているか、
毎日チェックしましょう。

☐ ハムスター専用か

市販されているペレットの中には、リスと兼用の
ものもありますが、ハムスター専用のほうがより安
心です。「ハムスター専用フード」などの表示があ
るものを選びましょう。また「総合栄養食」の表示
があるものは、ペットフード公正取引評議会が定め
た栄養基準をクリアしています。この表示があるも
のだと、さらに安心です。

シニア用

ダイエット用

コレが
いい！

☐ 適切な栄養バランスか

ペレットのパッケージには、成分表示が記載され
ています。ハムスターに必要な栄養素は下記のとお
りです。これらの栄養素がきちんと含まれているか
を、購入するときには確認しましょう。

◆ハムスターに必要な栄養素	
粗タンパク質	18%
粗脂肪	5%
粗繊維	5%
粗灰分	7%

（実験動物用／マウス、ラット長期飼育用のデータ）

☐ どんな特徴があるか

ペレットには「シニア用」「ダイエット用」
など、いろいろな種類があります。また「ア
ガリスク配合」「乳酸菌・ビール酵母配合」
など、プラスαの成分が配合されているもの
もあります。それらの成分にはどんな効果が
あるのかをよく見極め、納得して選ぶように
しましょう。

☐ 賞味期限に余裕があるか

賞味期限が近いものを購入すると、与えて
いるうちに賞味期限を過ぎてしまうことも。
また一度開封してしまうと、賞味期限内でも
味は落ちていきます。

☐ 量は多すぎないか

ゴールデンハムスターでも、一日に 10 ～
15gくらいのペレットしか食べません。大き
な袋で買うと、賞味期限内に食べきれないこ
とも。できるだけ少量ずつ買って、新鮮なう
ちに使い切るようにしましょう。

ペレットはしっかり密閉して保管

パチン

キュッ

開封したペレットはきちんとフタの閉ま
る瓶やプラスチック容器などに入れて、湿
気やゴミが入らないようにして保管しま
しょう。特に湿気の多い梅雨時はペレット
にカビなどが生えないように注意。乾燥剤
を容器に入れておくといいでしょう。

副食にはこんな食べものがおすすめ

量を決めて、あげすぎないように注意

ペレットのほかに、野菜や果物、穀類、動物性タンパク質を副食として与えてもかまいません。ペレットだけで栄養面では不足はありませんが、新鮮な野菜や果物、穀類からは、ビタミンやミネラルが補給できます。

また野生で食べていたものに、より近い食べものをあげることで「食べる楽しみ」を満たしてあげられます。

ただし嗜好性の高い副食を多くあげていると、主食のペレットを食べなくなってしまうことも。ペレットの食いつきが悪くなったら、副食の量は減らすなど、様子を見ながらあげるようにしましょう。

好きな食べものをおやつとして、飼い主さんの手から与えることで、コミュニケーションが深まります。

check!

副食をあげるときの注意点

❶ 量はごく少なくてOK

体の小さなハムスターには、副食として与える食べものはごく少量で十分。野菜や果物などは小さく切って、ハムスターが前足で持って食べられる程度の大きさにして、ひとかけら程度あげれば十分です。

❷ 油種子などは毎日あげないで

ヒマワリやカボチャの種などの脂肪分の多い油種子は、肥満の元。2〜3日に一度くらいにしましょう。

小さく切って

前足で持って食べられるサイズに

❸ 水分が少なく、硬いものを

水分が多いものを食べすぎると、下痢をすることがあります。「野菜をあげるなら、レタスよりキャベツ」といったように、水分が少なく、硬いものを選んで。

ミネラル豊富で栄養補給にいい

穀類

ヒエ、アワ、キビ、小麦、トウモロコシ など

●小鳥のエサ
（ヒエ、アワなど）
ヒエ、アワ、キビなどが配合されている。栄養バランスがいい。

粒が小さいので
ドワーフでも食べやすい

　野生のハムスターは、主食として植物の種を食べています。そのため穀類は、好きな食べものの一つ。ヒエ、アワ、キビ、トウモロコシ、麦などのイネ科の植物の種には、ミネラルなどの栄養分が豊富に含まれています。粒も小さいので、ドワーフでも食べやすく、手軽に栄養補給できます。

●小麦
糖質のほか、ビタミン、ミネラルも含まれる。ほかの穀類と混ぜてあげてもいい。

●トウモロコシ
粒状のドライフードなので、おやつとしてあげやすい。硬さがあるので、歯の健康維持にも効果あり。

体力をつけたいときなどにいい

油種子

ナタネ、エゴマ、麻の実、ヒマワリ、クルミ など

●ヒマワリの種
ミネラルやビタミンE、B1、B6などが豊富。油分が多いので、食べさせ過ぎに注意。

高脂肪・高カロリーなので
おやつとして少量あげて

　ヒマワリやカボチャの種、アーモンドなどの油種子は、ハムスターの大好物です。殻付きのものは歯を使うので、歯の伸び過ぎ防止やストレス解消に効果があります。ただし高脂肪・高カロリーなので、あげすぎると肥満の原因に。2～3日に1度くらい、おやつとしてごく少量あげる程度にしましょう。冬には体力を維持するために、少し多めにあげてもかまいません。

●殻付きカボチャの種
殻が付いているためよく噛まないと食べられず、歯の伸び過ぎ防止などにも効果的。

●アーモンド
ビタミンEやポリフェノール、鉄分、カルシウム、食物繊維などが豊富。

153

ビタミンや水分補給に最適

野菜

コマツナ、チンゲンサイ、キャベツ、
カボチャ、ニンジンなど

健康のために、新鮮な野菜もちょうだいね

緑黄色野菜を中心に
新鮮なものを食事にプラス

　野菜はよく洗い、小さく切ってからあげるようにしましょう。ビタミンが豊富なニンジン、チンゲンサイ、コマツナ、カボチャ、ブロッコリーなどの緑黄色野菜がおすすめです。サツマイモやキャベツ、トウモロコシなども好みます。

　トマトやキュウリ、レタスなど水分が多い野菜をあげすぎると、下痢を起こすことがあります。ほうれん草に含まれるシュウ酸は、カルシウムと結びつくと結石の原因になるので、あげる量は控えめにしましょう。

●チンゲンサイ
カロテン、ビタミンC、E、カルシウムや鉄などのミネラルも多く含まれます。

●ニンジン
カロテン含有量がとても多く、免疫力を高めてくれます。適度に甘みもあり、嗜好性も高いです。

●コマツナ
鉄やカルシウムはほうれん草以上に多く含まれ、ビタミンCやカロテンも豊富です。

●カボチャ
免疫力を高めるカロテンや、ビタミンEなどのビタミン類が豊富に含まれています。

ここに注意

ハムスターに
あげないほうがいい野菜

　人間には無害でも、ハムスターに与えると中毒を起こす危険があるものもあります。ジャガイモの芽や皮、ネギ、玉ネギ、ニラ、アボカドなどは要注意です（詳しくは159ページ）。あげないように気をつけて。また万が一食べてしまったときは、動物病院で診てもらいましょう。

●ブロッコリー
カロテンとビタミンCが豊富。抗酸化作用と解毒作用をもつスルフォラファンも含まれます。

甘みがあるのでおやつに最適

果物

リンゴ、イチゴ、ブドウ、バナナ、
パイナップルなど

糖分のとり過ぎに
気をつけて控えめに

　リンゴ、イチゴ、ブドウ、バナナ、パイナップルなどの果物は、ハムスターの大好物。糖分が多いので、一度にたくさんあげないように気をつけましょう。野菜と同じように、よく洗って水気を拭いてから、小さく切ってあげて。食事としてではなく、おやつとしてあげるのがおすすめです。嗜好性が高いので、手乗りにする練習をするときなどに使うと、効果的です。

●イチゴ
ビタミンC、葉酸、食物繊維が
たっぷり含まれています。

●リンゴ
ビタミンC、ミネラル類、食物繊維、
ポリフェノールなどが豊富です。

成長期や妊娠中には必須

動物性タンパク質

煮干し、ミルク、チーズなど

ペット用のミルクや
煮干しなどを与えて

　野生のハムスターは昆虫などを食べて、動物性タンパク質を補給しています。ペットのハムスターにも、少量でいいので動物性タンパク質を2〜3日に一度与えましょう。人間用のものは塩分が多すぎるので、ペット用の煮干しやミルク、チーズなどをあげるのがおすすめです。特に成長期のハムスターや、妊娠中、子育て中のメスには、ほど良く与えるようにしましょう。

●ペット用ミルク
牛乳に含まれる乳糖は
分解できないので、ペット用のものがおすすめ。

●煮干し
ペット用の煮干しは
塩分控えめで、ハムスターの体にもやさしい。

野草

タンポポ、ハコベ、レンゲ、クローバーなど

毒性のあるものも
少なくないので注意

　一部の野草には体調を整える効果があります。副食として取り入れてみましょう。タンポポ、ハコベ、オオバコ、レンゲ、ナズナ、シロツメクサ、ムラサキツメクサなどがおすすめです。

　道端に生えているものは、排気ガスや犬や猫の排泄物などで汚れていることがあります。自分の家の庭や、清潔な場所で採取したものをあげるようにしましょう。庭がなくても、プランターなどで栽培することもできます（右ページ参照）。与えるときはよく水洗いしてから、適当な大きさに切ってあげましょう。なお乾燥させたペット用の野草も販売されています。

ドライタイプの野草

レンゲ【マメ科】
野草が生えている場所が身近にない場合は、ドライタイプのものを使うと便利。

ここに注意　毒性のあるものも
少なくないので気をつけて

野草の中には、ハムスターに有害なものもあります。採取する前に、植物図鑑などでチェックしておきましょう。
➡有害な野草の種類は159ページ参照

セイヨウタンポポ
【キク科】
根元から放射状に生えています。黄色や白の花が咲きます。葉をそのまま、または乾燥させて与えます。

オオバコ
【オオバコ科】
根元から放射状に生え、茎がありません。苦みが少ないので、嗜好性が高いです。穂が出る前のものを与えましょう。

ナズナ（ペンペングサ）
【アブラナ科】
２～６月に白い小さな花をつけます。人間の民間薬としても使われています。食欲不振のときに効果があるといわれています。

シロツメクサ
（クローバー）
【マメ科】
葉は３枚の小葉に分かれていて、中央にVの字の白い模様があります。成長した葉を乾燥させてから与えます。

コハコベ
【ナデシコ科】
高さ10～20cmで、３～９月に白い小さな花をつけます。抗菌作用、解毒作用などがあります。

ハムスターが好きな野菜を育ててみよう

ハムスターの健康のために、安全な食べ物をあげたいものです。
おうちで育てて、とれたての野菜をあげてみましょう。

プランター栽培なら
庭がなくても大丈夫

手作り野菜にチャレンジしたいけれど、畑で栽培となるとちょっとハードルが高いもの。しかしプランターでの栽培ならマンションのベランダや、庭先のちょっとしたスペースでも野菜づくりが簡単にできます。

おうちで野菜を育てる最大のメリットは、とれたての野菜をハムスターにあげられること。また農薬を使わず、安全な野菜がつくれるという安心感もあります。もちろん飼い主さんが、新鮮でおいしい野菜が食べられることも大きな楽しみですね。

プランター栽培に
適した野菜を選んで

野菜の種類によっては、プランター栽培に適さないものもあります。ダイコンのように土の中で深く成長するものは、栽培が難しいです。またキュウリのようにつるを伸ばして成長する野菜も、手間がかかります。

ハムスターが好きで、プランター栽培がしやすい野菜は、ミニトマトやラディッシュ、チンゲンサイ、ニンジンなどです。なお野菜にはそれぞれ種まきや苗の植えつけ、収穫に適した時期があるので、左下の表を参照にチャレンジしてみましょう。

おいしい!!

ミニトマト、ラディッシュ
チンゲンサイ、ニンジン
などがおすすめ

ハムスターにおすすめの野菜の栽培時期の目安

ミニトマト	苗の植えつけ　5月	➡収穫　6～9月
ラディッシュ	種まき(春まき)　3～5月	➡収穫　5～6月
	種まき(秋まき)　9～10月中旬	➡収穫　10～11月
チンゲンサイ	種まき(春まき)　4月	➡収穫　5～6月
	種まき(秋まき)　8月下旬～9月	➡収穫　11～12月
ニンジン	種まき(春まき)　3月	➡収穫　7～8月
	種まき(夏まき)　7～8月中旬	➡収穫　10～翌年3月

※育てる地域によって、多少の時期の違いがあります。

スプラウトや
ハーブなどを
水だけで育てることもできる

土すら使わずに、キッチンの一角で簡単に野菜づくりをすることもできます。スプラウトやハーブは、スポンジに種をまき、水を入れた容器に入れておくだけで育てられます。また市販の豆苗は、一度カットして食べた後、根の部分が水にひたるようにしておくと、再収穫できます。忙しい人もこれなら簡単!

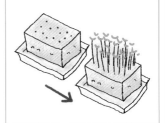

与えてはいけない食べ物を知っておこう

有毒なものは絶対にあげないで

ハムスターには、食べると中毒症状を起こす食べ物や植物などがあります。人間の食べ物にも危険なものがいくつかあります。飼い主さんが与えなくても、ハムスターが脱走して、毒性のあるものを食べてしまうこともないとは言えません。ケージを置いている部屋には、危険があるものは置かないように心がけましょう。

体の小さなハムスターは、人間から見ればほんの少しの量でも、毒性のあるものを口にしたら大変です。万が一食べてしまったら様子を見て、異変があればすぐに動物病院へ連れていきましょう。

ハムスターは有毒な食べ物を自分で判断できません。飼い主さんが気をつけてあげることが大事です。

こんな食べ物、植物は要注意！

おいしそう〜

❶ 人間の食べ物

人間の食べ物は味つけが濃いので、ハムスターの健康を害することがあります。肥満や内臓疾患を引き起こすことがあるので、絶対にあげないで。

❷ 中毒を起こす野菜・果物や植物

観葉植物や野菜・果物、野草の中には、ハムスターが食べると中毒を起こしてしまうものがあります（右ページ参照）。ほんの少しの量を口にしただけで、中毒を起こしてしまうことも。

❸ 保存状態の悪い食品

野菜や果物などの生鮮食品は、保存状態が悪いとかびたり、腐ったりします。冷蔵庫などで保存して、新鮮なうちに与えましょう。また食べ残しは、すぐに処分を。

ハムスターに与えてはいけない食べ物リスト

おねだりされても、人間の食べ物はあげないようにしましょう。かわいいハムスターの健康を守るために、食べてはいけないものを覚えておいて。

人間のお菓子・ご飯

カロリーが高く、塩分や糖分も多いので体に悪影響を与えます。特にチョコレートはカフェイン系の物質が含まれていて、中毒を起こすことも。炊いたご飯も、ほお袋にくっつくことがあるので、与えないようにしましょう。

牛乳

ハムスターは大人になると乳糖を分解できなくなるため、牛乳を飲むと下痢をすることがあります。与えるならペット用ミルクを飲ませるようにして。

ネギ類

タマネギや長ネギ、ニラは少量でも、下痢や嘔吐などの中毒症状を引き起こします。赤血球を壊す成分が含まれていて、貧血や腎不全を起こし、死に至ることも。

ジャガイモ

ジャガイモの葉・皮・根・芽には中毒を起こす成分があり、特に芽には有毒なソラニンが含まれています。

↙要注意!!

アボカド

アボカドに含まれるサポニンは、肝臓障害や呼吸困難、けいれん、嘔吐などの中毒症状を引き起こします。

ドングリ

発芽する部分にはタンニンが含まれていて、肝臓や腎臓に障害を与える原因に。

 ここに注意

中毒を起こす危険のある植物

　部屋の中に置いてある観葉植物の中にも危険なものがあるので、くれぐれも注意して。また野草の中にも中毒を起こすものがあるので、植物図鑑などで調べてから与えましょう。

●植物（観葉植物、野草）
アサガオ、アセビ、アヤメ、イヌホオズキ、オシロイバナ、クロッカス、サツキ、シクラメン、シダ、シャクナゲ、ショウブ、ジンチョウゲ、スイセン、スズラン、チューリップ、ツツジ、トリカブト、ヒガンバナ、ヒヤシンス、ポインセチア、ホオズキなど

●野菜、果物
リンゴの種子、ビワ、ワラビ、トマトの葉と茎、ネギ類、ジャガイモ、アボカドなど

太らせ過ぎないコツは

適切な食事と体重管理で、太り過ぎないように注意

ペットのハムスターは、1日のほとんどをケージの中で過ごし、運動不足になりがちです。飼い主さんが食事管理をしてあげないと、いつの間にか太り気味になっていることも。

肥満はさまざまな病気のもとになります。肝臓病、心臓病、糖尿病などにかかりやすくなり、毛づくろいがうまくできなくなり、皮膚病になることも。メスの場合、赤ちゃんを産めなくなることもあります。

日頃からバランスのとれた食事を適量与え、適度に運動できるようにさせてあげれば、肥満は予防できます。まずは体重測定を週一回くらいして、体重の増減をチェックしましょう。

体重は週一回くらい量ろう

週一回は体重を量るようにしましょう。食前、食後で体重は変わってくるので、同じ時間に量るようにするといいでしょう。個体差がありますが、下の表と比較して、適正体重を大きく上回っていたら肥満の可能性があります。

なるべく同じ
時間に!!

40.0g

体重が増えすぎないように、健康管理をしっかりしてあげましょう。

■ 体重の量り方

ハムスターが逃げてしまわないように、容器に入れたままキッチンスケールなどに乗せ、体重を量りましょう。後で容器の重さを引けば、正確に量れます。

ハムスターの体重の目安

	オス	メス
ゴールデン	85 〜 130g	95 〜 150g
ジャンガリアン、キャンベル	35 〜 45 g	30 〜 40g
ロボロフスキー	15 〜 30g	
チャイニーズ	35 〜 40g	30 〜 35g

肥満のサインは
見て、触ってチェック

ハムスターの外見からも、肥満をチェックできます。健康チェック（168～169ページ参照）のついでに、体の見た目、触ってみた感じなどで、体の変化をチェックしましょう。

上から見るとまんまる!!

おなかが
出っ張ってきた

脚のつけ根に
たるみがある

要注意!!

ダイエットは獣医さんに
相談しながら行おう

ハムスターが太ってしまったら、ダイエットが必要です。急激に体重を減らそうとしないで、食事と運動を工夫して、健康に配慮して行うことが大事です。必要に応じて、獣医さんに相談しながら行いましょう。

無理な
ダイエットは
禁物！

ハムスターの ダイエット のコツ

● 食事内容を見直す

肥満の最大の原因はカロリーオーバーの食生活。食事はペレットを中心にして、高カロリーなヒマワリの種などの油種子は控えめに。ダイエット用のペレットも市販されています。

● なるべく運動させる

回し車できちんと遊べているかを確認。運動量が増えるように、広めのケージに移してもいいでしょう。小動物用のサークルを設置して、その中で遊ばせてあげるのもおすすめです。

ここに注意 ダイエットをさせないほうがいい時期もある

生後3カ月くらいまでの成長期は、少々栄養過多でもそんなに太ることはありません。ただし高カロリーのものばかり与えていると、太りやすい体質になることもあるので注意。妊娠中や2才を超えたシニアのハムスターもダイエットは避けて。

ハムスターの食事の悩み Q&A

メニューの内容、量などを定期的にチェック

ハムスターの食の悩みで多いのが、「ペレットを食べない」というもの。具体的な対策はそれぞれのQ&Aで紹介していきますが、小さい頃からペレットにならしておくことが大事です。

またおやつをあげ過ぎてしまい、主食のペレットを食べなくなってしまうことも多いので、気をつけましょう。毎日どんなものをハムスターに食べさせているかを書き出して、メニューのチェックをしてみるといいでしょう。量が多すぎたり、カロリーが高いものをあげすぎたりしていたら、メニューや量の見直しをしましょう。

おやつを食べすぎると、ペレットを食べる量が減ってしまいます。あげすぎないように気をつけて。

Q1 ペレットを食べずに、ヒマワリの種ばかりを食べてしまいます。

まずはペレットね！

え〜

A 空腹時にペレットをまず与えてみましょう

ごはんをあげるとき、ペレットとヒマワリの種を一緒にあげていませんか？これでは選り好みして食べてしまうのも、仕方ありません。油種子の食べ過ぎは肥満につながるので、食習慣を改善しましょう。

まずは空腹時に、ペレットだけを与えてみましょう。ペレットはハムスターに必要な栄養素がバランスよく含まれているので、これだけ食べていても大丈夫です。ヒマワリの種はおやつとして、少量あげるようにして。

Q2 ペレットをダイエット用のものにしたところ、食べてくれなくなりました……。

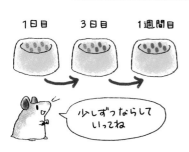

1日目　3日目　1週間目

少しずつならしていってね

A 前のものから、少しずつ切り替えましょう

ハムスターは嗜好性が高い動物なので、気に入っていたペレットからいきなり全部の量を違うものに替えられると、食べなくなってしまうことがあります。

ペレットを切り替えるときは、以前のものに少量新しいものを混ぜて、少しずつならしていきましょう。徐々に新しいペレットを増やしていき、1週間くらいを目安に切り替えましょう。

Q3 ハードタイプのペレットが上手に食べられません。

A うまくかめないようなら、動物病院へ相談を

上手に食べられないのには、何かしらの理由があります。まず粒の形状や大きさが食べやすいものかどうかをチェックしてみましょう。ジャンガリアンにゴールデン用の粒の大きなものを与えていたら、食べにくくて当然です。

形状や大きさは問題ないのに、うまくかめない場合は、不正咬合（174ページ参照）などの病気などの恐れも。獣医さんに相談してみましょう。

Q4 毎日同じ食事内容で、飽きることはありませんか？

A よく食べていれば、問題ありません

味に飽きるというのは人間の発想で、ハムスターは毎日同じペレットを食べていても飽きることはありません。とはいっても、味の好みはあり、好き嫌いはあります。ハムスターがよく食べていれば、同じ食事内容を続けていて問題ありません。

Q5 水がほとんど減っていないようですが、水分は足りているのでしょうか？

A 飲む量は少ないけれど、ちゃんと飲んでいます

野生のハムスターは乾燥した地帯に生息していたので、水分をそれほど必要としない体の構造をしています。そのため水をがぶ飲みすることはありません。野菜を与えていれば、水分補給にもなっているので、水をあまり飲まなくても心配ありません。

ただし給水ボトルの設置位置が悪くて、うまく飲めていないこともあるので、ちゃんと飲めているか確認しておきましょう。

飲みやすい高さに飲み口がきていないと、うまく水が飲めないことがあるので気をつけて。

かまれないように注意！
アナフィラキシーショックとは？

何度もかまれると症状が出ることがある

「ハムスターにかまれたことが原因で、ショック症状に陥った」というニュースが、まれにですが聞かれることがあります。残念なことに過去には、ぜんそくの持病のある男性が、死亡した例もありました。

こうした症状のことを"アナフィラキシーショック"といいます。これは急性アレルギー反応の一種で、アレルゲンとなるものを食べたり、皮膚から吸収したりしたときに起こります。ハムスターにかまれた場合、ごくまれにですが気分が悪くなったり、けいれんや動悸、呼吸困難になることがあります。もしショック症状が出た場合は、すぐに病院で治療を受けましょう。

1回かまれただけでは起こりませんが、2度目以降に起こるので、何度もハムスターにかまれたことがあるという人は要注意です。

ハムスターにはいきなりさわらないで、好きな果物やおやつなどを使って、少しずつならしていきましょう。

同じドワーフ種の中でも、キャンベルはジャンガリアンに比べて、かむ個体が多いといわれています。しかし個体差があるので、必ずしもかみ癖があるわけではありません。

かみ癖のある個体には無理に触らないで

ハムスターは臆病な動物で、人間になれるまで時間がかかる場合も多いものです。ロボロフスキーは人間になれにくいですし、キャンベルの中にはかみ癖のある個体も少なくありません。

アナフィラキシーショックだけでなく、ハムスターから細菌感染して病気をうつされる危険もあるので、かみついてくることの多い場合には、無理に触らないようにしましょう。

アナフィラキシーショックの主な症状

- 吐き気 ● 腹痛 ● 下痢
- じんましん ● 動悸
- めまい ● 貧血 ● けいれん
- せき ● 息切れ ● くしゃみ
- 呼吸困難

これらの症状が、ハムスターにかまれた後、数分から数時間以内に出る。

特に注意したほうがいい人
- 乳幼児 ● 高齢者
- 病気などで免疫力が低下している人
- アレルギーのある人（アトピー、皮膚炎、湿疹、ぜん息、花粉症、ハウスダストなど）

※喫煙者も発症しやすいと言われている。

ハムスターの病気予防

病気を予防するための3つのポイント

ハムスターは自分から不調を訴えることができません。
飼い主さんが異変に気づいてあげることが大事です。
また病気予防のために、適切な方法で飼育することも大切です。

Point 1

日々の健康チェックで病気の早期発見を

　自然界では捕食される立場の動物であるハムスターは、弱った姿を隠そうとします。そのため、体の具合が悪くても、なかなかわからないことも。毎日こまめに健康チェックをして、変わったところがないかをしっかりチェックしましょう。

➡ 健康チェックの方法は168ページ参照

Point 2

適切な飼育環境とバランスのとれた食事が大事

　健康チェックに加えて、毎日のお世話も病気予防には欠かせません。清潔で安心して過ごせる飼育環境、栄養バランスがとれた食事、適度な運動の3つがポイントになります。

　また人間と同様、肥満は病気を引き起こす原因になります。体重を定期的に量って、太りすぎないように気をつけてあげることも大事です。

Point 3

信頼できる主治医を
見つけておこう

　ハムスターをきちんと診察してくれる
動物病院は、まだそれほど多くありませ
ん。おうちに迎える前に、何かあったら
診察してもらえる病院を見つけておくと
安心です。なるべく家から近く、ハムス
ターの治療に詳しい獣医さんがいる病院
が見つかればベストです。

➡ 動物病院の選び方、かかり方は190ページ参照

体の小さなハムスターは気温の変化に
敏感。夏は涼しく、冬は暖かく過ごせ
るようにしてあげましょう。

病気・ケガ予防のポイント

清潔で安全な生活環境を
キープ

　細菌が繁殖すると、病気にかかる確率
が高くなります。毎日のそうじで、ケー
ジの中を清潔に保ってあげましょう。ま
た年を取ると動きが鈍くなり、ケージの
中の段差でケガをすることも。安全が保
たれているか、定期的にチェックを。

ストレスや温湿度の
急激な変化に注意

　ハムスターはデリケートで、ストレス
に弱い動物です。かまいすぎたり、環境
の変化などでストレスが高まると、免疫
力が低下して病気にかかりやすくなるこ
とがあります。気温や湿度の急激な変化
で体調をくずすことも多いので、注意し
ましょう。

食事は栄養のバランスよく

　必要な栄養がしっかりとれるように、
食事はペレットを中心に、バランスよく
与えましょう。脂肪分の多い油種子をた
くさんあげたり、味つけの濃い人間の食
べ物を食べさせると、病気を引き起こす
原因になります。

好物の果物もあげすぎると健康によくありません。
適量を食べさせるように気をつけて。

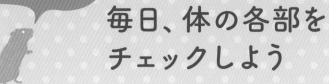

毎日、体の各部を チェックしよう

 夕方から夜にかけての活発な時間帯に健康チェックを

ハムスターは夜行性なので、夕方から夜に活発になります。毎日時間を決めて、ハムスターの様子を観察しましょう。まずはケージの中での行動をチェック。普段と動き方が違っていないか？　フードはきちんと食べているか？　などを確認しましょう。

飼い主さんに触られるのになれているハムスターなら、遊びのついでに手のひらに乗せて体をチェックして。触られるのが苦手なハムスターの場合は、小さいプラケースに入れて、観察するのがおすすめです。体重も定期的に測り、急に太ってきたり、やせてきたりしていないかをチェックしましょう。

チェックした項目は、220～222ページで紹介している「健康手帳」に記録して保存しておくのがおすすめ。不調や病気のサインに、すぐに気づけるようになれます。

健康チェックの ポイント

行動をチェック

☐ **食欲や動作に変化はない？**

動きが鈍かったり、食欲がなかったりするのは不調のサイン。歩き方や動作に不自然なところがないかもチェックして。

量ってチェック

☐ **体重に急激な変化はない？**

病気になると、体重が急激に減ることがあります。太り過ぎも病気を引き起こす原因になるので、体重は週1回など定期的に量って記録を取りましょう。

健康チェックの **ポイント**

健康チェックするときは見た目の変化はもちろん、
できれば体を触ってしこりなどがないかも確かめましょう。
食欲や動作の変化、排泄物の状態も見ておきましょう。

目で見てチェック

☐ 毛並みはきれい？

具合が悪くなると、毛のツヤもなくなってきます。毛が抜けたり、汚れたりしていないかもチェック。

☐ 目や耳は汚れていない？

健康なときは目に輝きがあり、耳もピンと立っています。耳だれや目ヤニが見られたり、耳が寝ているときは要注意。

☐ 鼻水が出ていない？

鼻水が出たり、鼻の周りが汚れていないかをチェックしましょう。また鼻がつまったような呼吸をしているときは、肺炎などにかかっている可能性も。

☐ おしりやしっぽは ぬれていない？

ぬれているときは、下痢をしている可能性があります。フンの状態もチェックしましょう。

触ってチェック

☐ からだにしこりはない？

嫌がらなければ、おなかや胸、首などを触ってみましょう。コリコリしたしこりがある場合は、腫瘍ができている可能性があります。
※嫌がる場合は無理せず、獣医さんにチェックしてもらいましょう。

☐ 爪や歯が伸びすぎていない？

飼育環境や食事が適切でないと、爪や歯が伸び過ぎてしまいます。爪が伸びていると、足を引っかけてケガのもとに。

ハムスターが かかりやすい病気

ハムスターの症状と考えられる病気

	●症状	●考えられる病気
目	目のふちがピンク色に腫れている、パッチリ開かない	結膜炎・角膜炎 ➡ 172ページ
	目ヤニや涙が出ている、まぶたの上の毛が抜ける	
	目が少し、白く濁ってきた	白内障 ➡ 172ページ
	目の周りに白い粒状のしこりがある	マイボーム腺腫（麦粒腫）➡ 173ページ
	眼球が飛び出している	眼球突出 ➡ 173ページ
歯・口	食欲がなく、元気がない	不正咬合 ➡ 174ページ
		肝不全 ➡ 183ページ
	頬が腫れている	頬袋の炎症 ➡ 174ページ
	頬袋が口から出ている	頬袋脱 ➡ 175ページ
	よだれや口臭がある、歯茎の腫れや出血、食欲低下	虫歯・歯周病 ➡ 175ページ
耳	耳から膿が出たり、においがする	中耳炎・内耳炎 ➡ 176ページ
	ふらふらしたり回転したりする	
	耳をかゆがる、耳の後ろの毛が抜ける	外耳炎 ➡ 176ページ
皮膚	毛が少しずつ薄くなってきているフケが多い	ニキビダニ症 ➡ 177ページ
	毛がハゲた部分が広がってきている（かゆがらない）	ストレス性脱毛 ➡ 177ページ
	毛が抜けて、かゆがって、かき傷ができている	アレルギー性皮膚炎 ➡ 178ページ
	毛が抜けて、赤い発疹が見られる	細菌性皮膚炎 ➡ 178ページ
体	しこりやできものがある	腫瘍、膿瘍 ➡ 179ページ

ハムスターの病気はいろいろあります。
中でもかかりやすいのが皮膚の病気、目の病気、腫瘍、骨折や下痢などです。
どんな病気にかかっているかは、ある程度推測できます。
表を参考に、異変があったら獣医さんにすぐに診てもらいましょう。

	●症状	●考えられる病気
生殖器	メスの生殖器から膿が出ている	子宮蓄膿症 ➡ 180ページ
	オスの睾丸が肥大、赤く腫れている、元気がない	精巣炎 ➡ 180ページ
尿	尿が濃い、においがある	膀胱炎 ➡ 181ページ
	尿の量が少ない、尿が出にくい	腎不全 ➡ 181ページ
	濃い赤色の尿が出る	膀胱炎、尿路結石 ➡ 181ページ
便	下痢をしている	ウエットテイル ➡ 182ページ
		寄生虫性腸炎 ➡ 182ページ
	便秘	腸閉塞 ➡ 183ページ
	肛門から腸がはみ出している	直腸脱（腸重積）➡ 183ページ
呼吸器	くしゃみや鼻水が出て、呼吸が苦しそう	肺炎、肺水腫 ➡ 184ページ
	呼吸が苦しそうになり、体温が低くなる	心不全 ➡ 185ページ
その他	手足がけいれんする、意識がなくなる	てんかん様発作 ➡ 186ページ
	首が傾いている	斜頚 ➡ 186ページ
	ふらふら歩く、呼吸が苦しそう	熱中症 ➡ 197ページ
	歩き方や動き方がぎこちない	骨折、ねんざ ➡ 187ページ
	フードを食べず、やせてきた、腹水がたまる	肝不全 ➡ 183ページ
	なかなか起きてこない	疑似冬眠 ➡ 188ページ

目 の病気

目をかいたり、こすったりした時に雑菌が入ると、炎症を起こしたり、化膿することがあります。また目ヤニで目が開かないときは、全身の状態が悪化していることも多いです。

結膜炎・角膜炎
（けつまくえん　かくまくえん）

こんな病気

涙や目ヤニが出るようになります。目を気にしてかいたりすることも。結膜が炎症を起こし、赤くなります。

原因

細菌感染や、ほこり、床材などのアレルギーが原因で結膜や角膜に炎症が起こり、発症します。

治療と予防

抗生物質の目薬の点眼で治療し、重症の場合は内服薬を使用します。予防のためにケージ内を清潔に保ち、細菌感染を防ぎましょう。またアレルギーの場合は原因となる床材などを取り除き、ほかのものに換えましょう。

予防するにはケージをキレイに！

ピカ ピカ

change!

アレルギーの原因となる床材を取りかえてね！

白内障
（はくないしょう）

こんな病気

高齢のハムスター（1歳半〜）によく見られる病気です。眼の中央部が白くにごってきて、視力が低下してきます。失明することもあります。

原因

遺伝、糖尿病や内臓系の病気から引き起こされることもありますが、ほとんどの場合は老化が原因です。

治療と予防

治療方法は目薬の点眼などしかありません。ただしハムスターは嗅覚、聴覚などが優れているので、視覚障害となっても、生活上の問題はあまりありません。老化によって起こるため予防は難しいです。

マイボーム腺腫(麦粒腫)

まいぼーむせんしゅ（ばくりゅうしゅ）

こんな病気

まぶたが腫れて、目ヤニが出たり、目がくっついて開けにくそうになります。まぶたや結膜の部分に、白い膿瘍が見られます。場合によっては、結膜炎を起こすことも。ジャンガリアンによく見られます。

原因

ハムスターのまぶたの内側には、マイボーム腺という分泌腺があります。この分泌腺の開口部が炎症を起こしたり、詰まってしまうと膿がたまって、腫瘤になってしまいます。

治療と予防

抗生物質の点眼薬で治療します。効果がない場合は、切開して膿を出します。完治しても再発することが多いので、ケージ内を清潔に保ちましょう。高カロリーのフードが腺の詰まりの原因になりやすいので、食生活も見直して。

眼球突出

がんきゅうとっしゅつ

こんな病気

ハムスターの眼球が入っている骨のくぼみはとても浅く、まぶたも薄いため、眼球をしっかり押さえることができません。そのため、少しの衝撃や圧迫で、眼球が飛び出してしまうことがあります。眼球が飛び出すほか、腫れたり変形している、涙目になっている、などの症状が見られます。

原因

高い場所から落ちたりして、眼球を圧迫されると発症します。肥満により目の奥にたまった脂肪や、頭部の腫瘍に圧迫されて眼球が押し出されるなど、原因はさまざまです。

治療と予防

抗生物質の点眼薬を投与して、炎症がおさまるのを待ちます。首筋を強くつかんだりすると、眼球が飛び出すことがあります。接するときは注意して。

歯・口 の病気

ハムスターの前歯は、一生伸び続けます。飼育環境やエサが不適切だったりすると、歯や口のトラブルを起こしやすいです。中でも不正咬合はよく見られる病気です。

ふせいこうごう
不正咬合

こんな病気

前歯が伸び過ぎて曲がったりして、歯が噛み合わなくなります。口の中が傷ついたり、食事ができなくなったりして、やせてきます。口が閉まらずに、よだれを垂らすこともあります。

原因

金網のケージなどをかじり過ぎて歯が曲がったり、老化や歯肉炎で噛み合わせが異常になることで起こります。やわらかいものばかりの食事も一因となります。遺伝も考えられます。

治療と予防

伸び過ぎた歯は、獣医さんにカットしてもらいましょう。症状がひどい場合は、定期的にカットする必要があります。またペレットを食べやすいように、水でふやかしてからあげます。予防のため、ケージは金網タイプではなく水槽タイプにしましょう。

かじれないよ～

ほおぶくろのえんしょう
頬袋の炎症

こんな病気

頬袋が腫れて、重症になると顔まで腫れあがってしまいます。腫瘍ができたり、膿が出ることもあります。

原因

頬袋にはたくさんの血管が走っているためとても傷つきやすく、傷からばい菌が入って化膿することも。頬袋の内側に食べものが付着し、取り出せないまま放置しておくと、腐って炎症を起こすこともあります。

治療と予防

抗生物質を使いますが、膿がたまっている場合は、切開して膿を出します。炊いたお米（ごはん）など、粘着性があって頬袋にはりついてしまうような食べ物は、あげないようにしましょう。

頬袋に食べ物をいっぱいにつめ込むと、顔がこんなに大きくなります。

ほおぶくろだつ
頬袋脱

こんな病気

　口から頬袋が飛び出してしまう病気です。ハムスターの頬袋は普通口の中に収まっていますが、外に出てきてしまうことがあります。自然に戻れば問題ありませんが、戻らない場合は傷がついて炎症を起こすことがあるので、病院で診てもらいましょう。

原因

　頬袋の粘膜に炎症が起こり、腫れ上がってしまうことが原因です。腫瘍や感染による炎症、摂取したフードを原因とする炎症が考えられます。粘着性のある食べものは頬袋にくっついてしまい、食べものを出すときに頬袋ごと出てしまうことがあるので、注意が必要です。

治療と予防

　抗生物質などで治療しますが、症状によっては頬袋を切除したり、縫い合わせる手術をします。炊いたお米（ごはん）など、頬袋にくっつきやすい粘着性のある食べものは与えないようにしましょう。

むしば　ししゅうびょう
虫歯・歯周病

こんな病気

　人間と同じように、ハムスターにも虫歯や歯周病はあります。食欲が低下してきたり、口臭がする。よだれを垂らしたり、歯茎からの出血などがある。そんなときは、虫歯や歯周病が進行しているのかもしれません。歯周病が進行すると、内耳炎や中耳炎、眼球の炎症、脳炎、あごの腫瘍などの病気を引き起こすことがあります。

原因

　人間と同じで、甘いお菓子や炭水化物の取り過ぎが虫歯の原因になります。固いおもちゃや金網のケージなどをかじることで歯茎が傷つき、そこから細菌感染が起こることも多くあります。

治療と予防

　軽傷ならば、抗生物質で炎症を抑えます。歯茎に膿がたまっている場合は、切開して膿を出します。抜歯が必要なこともあります。予防のためには普段から甘いフードを与えすぎないこと。特に人間のお菓子は絶対にあげないようにしましょう。

175

耳 の病気

耳をしきりにかいていたら、耳の病気にかかっているかもしれません。かき過ぎて耳が切れてしまったり、食欲が低下してしまったりすることもあるので気をつけましょう。

外耳炎
（がいじえん）

こんな病気

ハムスターが最もかかりやすい耳の病気です。強いかゆみがあり、頻繁に耳をかきます。膿のにおいがしたり、耳の周りに脱毛や出血が見られることもあります。

原因

細菌に感染することで外耳が炎症を起こします。主な理由は、傷からの感染や不衛生な飼育環境による感染です。飼い主さんが耳あかを取ろうとして傷つけてしまうことが、原因になることもあります。

治療と予防

耳のそうじをして、抗生物質や点耳薬などを症状に合わせて投与します。膿が目や鼻に移ってしまうと、完治が難しくなります。予防のために、細菌が発生しやすいトイレ砂は毎日交換して、清潔な飼育環境を保ちましょう。

耳あかは無理に取らないで！
NO
ピカ
ピカ
トイレはキレイに!!

中耳炎・内耳炎
（ちゅうじえん　ないじえん）

こんな病気

ふらふらと歩いたり、足を引きずったり、自分のしっぽをめがけてクルクル回ったりするときは、中耳炎や内耳炎にかかっている可能性があります。耳に膿がたまり、三半規管にまで達すると、平衡感覚がなくなり、このような行動をとるようになります。

原因

細菌に感染することで、膿がたまります。外耳炎同様に、傷からの感染や不衛生な飼育環境からの感染が主な原因です。外耳炎を放っておくと中耳炎・内耳炎に移行することが多いので気をつけましょう。

治療と予防

抗生物質の投与が主な治療です。炎症がひどい場合は、切開して膿を除去することもあります。予防は飼育環境を清潔に保つことです。免疫力が低下すると細菌に感染しやすくなるので、体調を管理しましょう。

皮膚 の病気

皮膚病には脱毛や発疹などいろいろな症状があり、かゆみをともなう場合も、ともなわない場合もあります。アレルギー症状の場合もあるので、早めに獣医さんに診てもらいましょう。

ニキビダニ症
にきびだにしょう

こんな病気

ゴールデンの場合、腰からおしりにかけて脱毛や炎症が起こります。ドワーフは、首から背中にかけて、同様の症状が見られます。かゆみが強いと、ひっかいたり、かんだりしてしまうこともあります。

原因

ニキビダニ属の寄生虫が原因です。生まれたときには寄生していませんが、親との接触で感染します。皮脂腺などに寄生していて、ストレスや免疫力の低下、ガンなど臓器の疾患などが引き金になっ

て発病します。

治療と予防

注射でダニを退治します。予防するには、ケージを清潔に保ち、バランス良い食生活やストレスの少ない環境づくりで免疫力を高めましょう。

ストレス性脱毛
すとれすせいだつもう

こんな病気

部分的に脱毛しますが、炎症がなく、かゆみも伴いません。

原因

ケージの置き場所をむやみに変えるなど、環境の変化や、子どもが過剰に触れる、同居動物（犬、猫、フクロウ、フェレット、ヘビなど）によるストレスなどが原因になります。

治療と予防

ストレスを与えないように、静かで落ち着ける場所にケージを置き、あまり場所を変えないようにしましょう。また夜はきちんと暗くなるようにしてあげるなど、生活のリズムを乱さないようにしましょう。

適切な床材を使うことで、症状を緩和することができます。

アレルギー性皮膚炎
（あれるぎーせいひふえん）

こんな病気

赤みを帯びた炎症がおなか、胸、わき腹を中心に広がり、脱毛し、かゆがるようになります。鼻水などの症状が出ることもあります。

原因

特定の床材や食べものなどに対するアレルギーから起こります。パインなどの針葉樹のチップが原因になることもあります。アレルゲンは、個体によってさまざまです。

治療と予防

かゆみ止めや抗生物質で、症状を抑えます。アレルギーの原因になるものを取り除くようにします。パインチップをヒノキのチップに変えるだけで、かなり症状が落ち着くことがあります。

細菌性皮膚炎
（さいきんせいひふえん）

こんな病気

毛が抜けたり、赤い発疹ができたりします。かみ傷から感染した場合は、悪化して膿瘍を起こすこともあります。

原因

フンや尿が床材につくなどしてケージの中が不衛生だったり、ケガやかみ傷があったりすると、細菌が皮膚に感染します。免疫力の低下が原因になることもあります。

治療と予防

治療は抗生物質を使います。そうじをまめにして、特にトイレ砂は毎日換えましょう。ケージを清潔に保つことで、予防できます。

ピカピカ

キレイに!!

腫瘤（腫瘍、膿瘍）の病気

体にできるしこりを総称して腫瘤といいます。悪性腫瘍の場合はがんと診断され、すぐに治療しないと命に関わることもあります。異変があったら、すぐに病院へ連れて行きましょう。

皮膚腫瘍

こんな病気

皮膚の下にしこりができ、体の半分くらいの大きさになることもあります。悪性と良性があり、1歳を過ぎると悪性腫瘍が発症しやすくなります。

原因

遺伝、食事（高カロリー、高タンパク）、食物の添加物や残留農薬、ウイルス、化学物質などの原因が考えられます。

治療と予防

外科手術で取り除きますが、高齢だったり（1歳半以上）手術できない場合は、腫瘍が大きくならないように、内科的治療を行います。

膿瘍

こんな病気

ケガが原因で皮膚に膿がたまってできた腫瘤を、膿瘍といいます。体の一部にプヨプヨしたしこりができます。

原因

爪で引っかいたり、おもちゃなどでケガをしたりした際に、皮下に膿がたまることでできます。

治療と予防

化膿した膿は、外科手術で取り出し、抗生物質を投与して治療します。ケガをしないように、環境を整えてあげることが大事です。

腫瘍ができやすい部位

○特にできやすい部分　●できやすい部分

背中側

- 鼻腔の周辺
- 首の周辺
- 大腿部の根元周辺
- 耳の周辺
- 上腕のつけ根周辺

お腹側

- 頬袋の周辺
- 口腔の周辺
- 胸部の周辺
- 腹部の周辺
- リンパ節の周辺
- 生殖器の周辺
- 四肢の末端周辺

生殖器 の病気

メスは子宮蓄膿症や膣脱、オスは精巣炎などの病気にかかることがあります。メスの陰部から出血が見られたりしたら、すぐに病院へ連れて行きましょう。

しきゅうちくのうしょう
子宮蓄膿症

こんな病気

子宮内に膿がたまり、腹部が腫れてきます。生殖器から膿が出てくる場合もありますが、出てこないことも。動きが緩慢になる、食欲低下、多飲多尿、呼吸が苦しそうになるなどの症状も見られます。

原因

子宮内膜が細菌などによって炎症を起こして発症します。不適切な飼育環境や、無理な繁殖、高齢出産、ホルモンのバランスがくずれることなどが原因になります。

治療と予防

まずは抗生物質の投与などの内科的な治療を行います。症状が改善されない場合は、子宮を全摘出することもあります。

せいそうえん
精巣炎

こんな病気

オスの睾丸が赤く、大きく腫れてきてしまいます。

原因

睾丸が床でこすれたり、ケガをしたりするとそこから細菌が入り、炎症を起こします。ホルモンバランスの乱れが、原因の場合もあります。

治療と予防

抗生剤や消炎剤を投与します。高齢のハムスターの場合、腫瘍になってしまっていることもあるので、動物病院で検査してもらいましょう。予防のためにも、ケージ内は清潔に保つよう心がけましょう。

泌尿器 の病気

尿の出が悪くなったり、量が急に増えたり減ったりしたら、膀胱の病気のおそれがあります。健康チェックでは、尿の色も確認しましょう。血尿が出ていたら、膀胱炎かもしれません。

ぼうこうえん
膀胱炎

こんな病気

尿の色がピンク色やオレンジ色になり、重症になるとトイレの回数が増えたり、排尿がしにくくなったりします。

原因

バランスの悪い食事、細菌感染、高齢による腎臓障害、遺伝など、いろいろな要素が原因になります。

治療と予防

定期的に健康診断を受けて、尿の検査もしてもらいましょう。尿の色がいつもと大きく違っていたら、病院へ。抗生剤などで治療します。

にょうろけっせき
尿路結石

こんな病気

尿に血が混じったり、出にくくなります。尿が溜まり腹部が腫れることも。

原因

カルシウムやマグネシウムからできた結石が尿道に詰まることで、起こります。

治療と予防

小さな結晶なら投薬など内科的な治療をします。大きい結石は手術で取り除きます。カルシウムやマグネシウムを減らした食事療法が、予防には最適です。

じんふぜん
腎不全

こんな病気

急性と慢性があります。慢性の場合は老化によって腎機能が低下し、多飲多尿になります。

原因

高齢のハムスターに多い病気です。腎腫瘍や腎結石などが一因になっていることも。

治療と予防

ハムスターは血管からの点滴ができないので、透析治療は難しいです。皮下に補液をして、利尿を促すなどの治療をします。

消化器 の病気

食欲が落ちたり、下痢をするようになったりしたら、消化器の病気にかかっている可能性があります。ただし消化器以外の病気でもこれらの症状が見られることがあります。

抗生物質で治療

水分をしっかりと

ウエットテイル
うえっとている

こんな病気

水のような便が出て、食欲が落ち、体重の減少、脱水症状などが見られます。下痢でおしりがぬれることから「ウエットテイル」と呼ばれています。

原因

カンピロバクター、クロストリジウム、大腸菌などの細菌感染が原因になりますが、ストレスや不適切な食事など、飼育環境も病気を引き起こします。

治療と予防

便検査などで原因を特定してから、治療を受けます。抗生物質を主に使います。放っておくと脱水症状を起こして命を落とすこともあるので、すぐに病院へ。普段から新鮮なフード、清潔な環境でストレスを少なくするように気をつけましょう。

寄生虫性腸炎
きせいちゅうせいちょうえん

こんな病気

下痢をして、水のような便が出ることもあります。慢性化するとやせてきて、脱水症状を起こします。

原因

ジアルジアやトリコモナス、小型条虫、ぎょう虫などの寄生虫が原因で感染します。

治療と予防

下痢止めと、寄生虫の駆除剤を使います。小型条虫などは人畜共通感染症（187ページ参照）を引き起こすので、感染したハムスターのフンがついたものはしっかり消毒し、手をよく洗いましょう。

腸閉塞
ちょうへいそく

こんな病気
食欲がなくなり、便秘をして、次第にやせてきます。治療が遅れると命を落とすこともあります。

原因
トイレ用の固まる砂、タオルや綿製の素材のものなどを食べてしまい、それが消化されずに腸に詰まることで起こります。長毛種のゴールデンハムスターが、毛づくろいで自分の毛を飲み込んでしまい、それが原因になることも。

治療と予防
消化器の運動をよくする薬を与え、それでも改善しない場合は開腹手術します。原因になるようなものをケージの中に置かないようにしましょう。

タオル
綿
床材には使わないで！
no!

直腸脱（腸重積）
ちょくちょうだつ（ちょうじゅうせき）

こんな病気
元気がなくなり、食欲もなくなってきます。重症の場合、肛門から真っ赤な直腸が出てきてしまい、これを「直腸脱」と呼びます。また空腸や回腸、結腸が重なりあってしまう症状を「腸重積」と言います。

原因
下痢のしすぎで腸がひっくり返り、肛門から出てしまうことから起こります。

治療と予防
肛門から腸が飛び出しているのを見つけたら、すぐに獣医さんへ。腸を戻す処置などを行います。日頃から便秘や下痢をさせないように、食事や環境を整えて。

肝不全
かんふぜん

こんな病気
肝機能が低下して、肝臓が腫れたり、腹水がたまったりします。食欲がなくなり、やせてきます。

原因
ウイルスや細菌などの感染が主な原因です。栄養のアンバランスや中毒なども肝機能の低下を招きます。肥満も肝臓病の原因になります。

治療と予防
治療には抗生物質、強肝剤、ビタミン剤などを与えます。予防には、高カロリーのフードを控えて、栄養バランスのとれた食事をあげることが大事です。

Part 6 ハムスターの病気予防 消化器の病気

183

呼吸器・循環器 の病気

風邪から肺炎を起こし、重症になってしまうことがあります。また高齢のハムスターには、心臓病もよく見られます。定期的な検診で、早期発見、早期治療を。

はいえん
肺炎

こんな病気

呼吸困難になったり、鼻水や目ヤニが出たり、異常な呼吸音がしたりします。グッタリして、元気がなくなってきます。

原因

パスツレラ、レンサ球菌などの細菌や、インフルエンザウイルスなどが原因になります。風邪をこじらせて、体力や免疫力が落ち、肺炎を起こすこともあります。

治療と予防

抗生剤や消炎剤の投与を行います。呼吸が困難な場合はケージごと酸素室に入れて治療します。予防するには、ケージの温度を一定に保ち、ハムスターにストレスを与えないことが大事です。バランスの取れた食事、清潔なケージも予防には欠かせません。

はいすいしゅ
肺水腫

こんな病気

肺に水が溜まり、呼吸困難になります。歯ぐきが白くなったり、腹式呼吸となり、食欲もなくなります。1歳半以上の大人のハムスターがなりやすい病気です。

原因

心臓が肥大する心筋症などの心臓疾患により、血流が肺でうっ血することで起こります。

治療と予防

酸素吸入、強心剤などの投与を行います。また利尿剤を投与し、肺の中の水を減らします。呼吸が苦しそうになっていると、かなり進行していることもあり、急に亡くなってしまうこともあるので、異変に気づいたらすぐに病院へ連れて行きましょう。

しんふぜん
心不全

こんな病気

呼吸が苦しそうになり、腹式呼吸をするようになります。食欲や体温が低下して、あまり動きたがらなくなります。

原因

加齢とともに増えてくる病気です。老化で心臓機能が衰えてきたところに、高血圧になるような食事を続けていることで発病します。

治療と予防

利尿剤、血管拡張剤、強心剤などを与え、症状を安定させます。運動を制限したほうがいいので、回し車はケージから外し、食事も塩分や脂肪が少なく、繊維質の多いものをあげましょう。日頃から高脂肪・高塩分の食事を与えないことが、予防には大事です。

ハムスターの内臓の特徴

過酷な砂漠地帯で生き延びるため、ハムスターの内臓はいろいろな食物が消化できるようになっています。また、水分はそれほど取らなくても生きていけるようになっています。

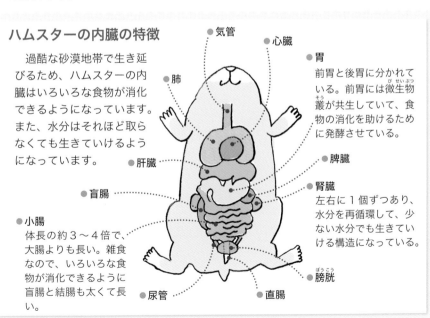

気管

心臓

胃
前胃と後胃に分かれている。前胃には微生物叢（そう）が共生していて、食物の消化を助けるために発酵させている。

肺

肝臓

脾臓（びぞう）

盲腸

腎臓
左右に1個ずつあり、水分を再循環して、少ない水分でも生きていける構造になっている。

小腸
体長の約3〜4倍で、大腸よりも長い。雑食なので、いろいろな食物が消化できるように盲腸と結腸も太くて長い。

膀胱（ぼうこう）

尿管

直腸

185

神経系 の病気、ケガ

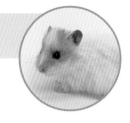

けいれんを伴うてんかん様発作や、斜頸などが見られることもあります。神経系の病気は命に関わることもあるので、異常があったら獣医さんに早めに診てもらいましょう。

てんかん様発作
てんかんようほっさ

周囲にタオルを置いて安全を確保して

こんな病気

脳機能が一時的に障害を起こし、けいれんを起こします。四肢の硬直などが見られ、そのまま倒れて意識を失ってしまいます。

原因

遺伝的体質が主な原因です。ほかに脳腫瘍や外傷、脳炎などが原因になることも。

治療と予防

発作を起こしたら、あわてずに様子を観察しましょう。驚いて抱き上げたりせず、周囲にタオルなどを置いて、ケガをしないようにしてあげて。病院へ着いたら発作が治まっていた、ということもよくあるので、発作の時間や回数を記録しましょう。気持ちに余裕があれば、動画を撮っておくと診察の参考になります。頻繁に発作を起こすようなら、抗てんかん薬を使い、症状を抑えます。治療は難しい場合が多いです。

斜頸
しゃけい

こんな病気

首を傾げるようになり、食欲不振やめまいなどを起こします。クルクル回ることも。ウサギに多い病気ですが、ハムスターにも見られます。

原因

高いところからの落下などが原因で、脳の炎症や首の脱臼をすると起こります。また細菌感染によるもの、内耳炎などの他の病気が原因でなることもあります。

治療と予防

抗炎症剤や痛み止め薬などを内服して、症状を安定させます。日頃からハムスターが高いところに上って落下しないように、ケージ内の安全を確認しておきましょう。

骨折・ねんざ
こっせつ　ねんざ

こんな病気

患部が腫れたり、歩き方が変になったり、活動全体に障害が起こるほか、脊椎などを損傷すると、全身、半身のマヒが生じることもあります。

原因

回し車やおもちゃなどに挟まることが多いようです。部屋の中に放しているときに人間に踏まれたり、高いところから落下することも原因になります。

治療と予防

動きに異常が見られたら、すぐに病院へ連れて行きましょう。軽いねんざの場合は炎症を止める薬や痛み止めを投与し、安静にさせます。重症の骨折の場合は、外科手術や場合によっては足の切断手術なども行われます。ギプス治療をすることも。ケガをしないように、飼育環境の安全には細心の注意を払いましょう。

ハムスターから人にうつる病気に注意

動物と人間との間で感染する病気のことを「人畜共通感染症」と言いますが、ハムスターから人間にうつる病気もいくつかあります。「リンパ球性脈絡髄膜炎」という病気は、感染してもハムスターには症状が現れませんが、尿に含まれるウイルスを人間が触ると、感染することがあります。発熱や頭痛という症状が出ることもあるので、要注意です。他にもサルモネラ菌や寄生虫が人間の手に付着して、体内に菌などが入ってしまうことがあります。病気にかからないようにするには、ハムスターを触ったあとは手を洗う習慣をつけることが大事です。

疑似冬眠の
対処法と予防法は？

 ## ペットのハムスターには、冬眠は必要ない

　小型のげっ歯類の動物は、食物が不足したり、日照時間が短くなったり、低温になったりすると、自然環境へ適応するために、代謝機能を低下させ冬眠します。しかしペットのハムスターには冬眠させる必要はありません。

　寒い日にケージをのぞいたら、ハムスターが動かなくなっていた……。そんなときは、"疑似冬眠"しているのかもしれません。疑似冬眠しているときは、呼吸、心拍、体温が極端に低下し、触ると体が冷たくなっています。そのため「死んでしまったのでは？」

と驚いてしまう飼い主さんが多いようです。まずは冷静にハムスターの様子を観察しましょう。そして、体をゆっくり温めて、回復させましょう。

ハムスターは寒さが苦手です。暖かく過ごせるように気を配ってあげましょう。

ハムスターが疑似冬眠してしまう原因

❶ 気温が低くなった

　最大の原因は、室温の低下です。通常は5℃以下、体力のないハムスターや老齢の場合は10℃くらいでも、体が冬眠状態になってしまうことがあります。

❷ 急激に気温が低下する

　昼間暖かくても、夜から明け方にかけて急に気温が下がったりすると、疑似冬眠することがあります。

❸ 光を感じる時間が短い

　室温が低いことに加えて、部屋が暗すぎたり、光を感じる時間が短いと冬眠状態に入りやすくなります。

疑似冬眠の予防は、室温管理が大切

疑似冬眠を繰り返すと、体力を消耗します。予防するには、冬でも20℃以上の適温を保ち、暖かく過ごせるように飼育環境を整えます。エアコンで室温を調整するのに加えて、寒い日はペットヒーターなどを入れて、体が冷えないようにしてあげることも欠かせません。

万が一疑似冬眠してしまったときは、下の対処法を参考に、あわてずに少し

ずつハムスターの体を温めてあげましょう。そして、心配だったら獣医さんの診察を受けるようにしましょう。

ボクたち、
冬眠しなくて
いいんだよ！

疑似冬眠してしまったときの対処法

❶ 急に暖めず、少しずつ手のひらで暖める

まずは部屋全体をエアコンなどで暖め、それからハムスターの体を暖めていきます。最もいいのが、飼い主さんの手のひらの中で暖める方法。やさしくハムスターの体を包み込み、30分くらいかけて暖めていきます。

ペットヒーター

これは NG！

温風ヒーターやストーブ、ドライヤーなどで急激に暖めるのは、ハムスターの体に大きな負担をかけてしまうので絶対にやめましょう。

❷ ペットヒーターなどでさらに暖める

少し暖まってきたら、ペットヒーターを使い、さらに暖めます。ペットヒーターがない場合は、40～50℃くらいのお湯をペットボトルに入れたものをタオルでくるんで、ハムスターの近くに置いてあげましょう。

❸ 目が覚めたら栄養と水分を補給

ハムスターが擬似冬眠からさめたら、温めたペット用ミルクやお湯で溶いたハチミツなどをあげましょう。スポイトに入れて、少しずつあげるといいでしょう。ハムスターが自力で歩けるようになったら、ケージの中を十分暖かくして、しばらく様子を見ましょう。

信頼できる獣医さんの見つけ方

 ## おうちに迎える前に「病院探し」をしておこう

犬や猫と比べると、ハムスターに詳しい獣医さんはまだあまり多くありません。またハムスターは体調が悪くても隠そうとする性質があります。不調に気づいてから動物病院を探そうとしても、急には見つからないかもしれません。ハムスターを迎える前に、動物病院を探しておきましょう。

自宅から近く、さらにハムスターの病気に詳しい獣医さんがいる動物病院がベストです。いちばん重要なのは飼い主さんが何でも相談できて、安心して治療を任せられるかどうかです。

ネットで調べたり、飼い主さん仲間の口コミを参考にしたりして、信頼できる獣医さんがいる動物病院を選びましょう。ハムスターを入手したペットショップに、おすすめの病院を聞いてみるのもいいでしょう。

病院を選ぶときのポイント

☐ **ハムスターに詳しい獣医さんがいる**

ハムスターは体が小さく、触られるのが苦手な個体も多いものです。ハムスターの診療経験が多く、扱いになれている獣医さんがいる病院を選びましょう。

☐ **できれば家から近い場所にある**

何かあったらすぐに連れて行ける距離に病院を見つけておくと、とても心強いものです。近所に住む飼い主さんに聞いて、探すのもおすすめです。

☐ **普段から相談にのってもらえる**

病気ではないけれど、ちょっと気になることや心配なことがある。そんなときにも、気軽に飼育方法などを相談できると安心です。

かわいいハムスターが元気でいられるように、かかりつけの病院を見つけましょう。

健康診断で、病院にならしておこう

体調が悪くなってから初めて動物病院へ連れていくのは、大きなストレスになります。健康な状態のときに、爪切りや健康診断などを利用して、動物病院へ行っておくと安心です。

健康診断は半年に1回くらいの頻度でOKです。1歳半を過ぎ、シニアの仲間入りをしてきたら、3〜4カ月に一度くらいに回数を増やした方がいいでしょう。

健康診断では、獣医さんにハムスターの体をチェックしてもらうことに加えて、飼い主さんが気になっている飼育の疑問なども聞いてみましょう。

普段どんな環境で暮らしているかも、
獣医さんに伝えましょう。

診療時間、休診日のチェックを

診察を受け付けてくれる時間、休診日などは、事前にチェックしておきましょう。連絡先と一緒にメモしておけば、いざという時に役立ちます。

健康診断ではこんなことを行う

問 診

飼育環境、普段食べている食事の内容や食欲の有無、フンや尿の状態、ふだんの生活の様子や現在の体調などを聴き取ります。気になることがあったら、獣医さんに質問しましょう。

Point

フンは可能ならば持参して

フンの状態は、現物を見てもらうのが一番確実です。小さな容器に入れて持っていきましょう。検便してもらうと、寄生虫の有無もわかります。持参するのが難しければ、写真を撮って見てもらってもいいでしょう。

体重測定、検温、触診

体重や体温を測り、そのあと獣医さんがハムスターの全身をさわりながら、目、口、耳、皮膚などの状態を診ていきます。

検温

体重測定

触診

負担がなるべく少ない方法で、動物病院へ

電話で病状を説明してから向かおう

いつもに比べて、食欲がない。足を引きずるようにして歩いている……。ハムスターの体に異変が起こると、とても心配になることでしょう。ハムスターは容体が悪くなってから、2〜3日のうちに命を落としてしまうケースもあります。そんなときはなるべく早く、かかりつけの動物病院へ連れていきましょう。

容体が悪く、急を要する場合は、事前に連絡して症状を伝えておくといいでしょう。

普段から飼育日記や健康手帳（220〜222ページ参照）をつけている場合は、持っていって獣医さんに見せましょう。普段の様子を獣医さんが知ることで、病気の診断に役立ちます。

異変があったら、早めに病院へ連れていってあげて。

動物病院へ連れていくときの注意点

☐ **極力時間がかからない移動手段で向かおう**

揺れが少なく、静かな環境で移動できる車での移動がベスト。ハムスターの容体が悪い場合などは、飼い主さんが見守ってあげたほうが安心なので、誰かに運転してもらうか、タクシー利用がいいかもしれません。

☐ **事前に電話で診察の予約を入れておこう**

病院に行く前に電話を入れ、予約できる場合はしておきましょう。待ち時間が少ないほうが、ハムスターのストレスが少なくてすみます。

☐ **いつもお世話をしている人が病状を伝える**

病院には、日頃世話をしている人が必ず一緒に行くようにしましょう。いつもと違うところ、いつごろからどんな状態だったのかを、詳しく獣医さんに話しましょう。

ハムスターの病院への運び方

病院への移動中に体調を悪化させないよう気を配りましょう。
できるだけ負担の少ない移動手段を選び、寒さや暑さ対策もしっかりと。

ケージごと連れて行き、飼育環境も見てもらう

　車で移動できるなら、できれば普段飼っているケージごと病院へ連れて行きましょう。飼育環境に問題がないか、獣医さんにチェックしてもらえます。また床材やトイレは掃除しないで、そのまま持っていきます。布をかぶせておくと、ハムスターが落ち着きます。

ケージで移動ができない場合、キャリーケースで

　ケージごと運ぶのが難しい場合は、キャリーケースに入れて連れていきましょう。中には床材をたっぷり入れます。水分補給が必要そうなときは、水分の多い葉もの野菜を入れておきましょう。給水ボトルは水がもれてハムスターの体をぬらしてしまうことがあるので、移動時には入れないようにしましょう。

水分補給に

床材はたっぷりめに

冬や夏は特に、移動中の温度管理に注意を

　移動中にハムスターが体力を消耗しないように、布などをかけて落ち着けるようにしてあげましょう。

冬は使い捨てカイロを、ケージに貼り付けましょう。ただし暖めすぎも体力を消耗させてしまうので、熱から逃げられる場所を残しておいて。

夏はキャリーケースの上に保冷剤を置いておくと、冷たい空気が上から下へと流れ、ケース内が涼しくなります。

毛布　　カイロ

保冷剤

ここに注意

症状に応じた運び方を獣医さんに相談しておこう

　病気やケガの症状によっては、運び方で注意が必要な場合も。例えば「骨折しているときは、動きを制限できるように小さなケースで運んだほうがいい」など、それぞれの症状に応じた注意点があります。事前に電話をして相談しておくと安心です。

かまいすぎず、安静にできる環境を整備

獣医さんの指示通りに看病してあげて

病気やケガをしているハムスターは、静かでやや暗い場所で、ゆっくり休ませてあげましょう。心配して何度もケージをのぞき込んだり、体を触ろうとしたりすると、ストレスになってしまいます。かまいすぎないように、静かに見守ってあげるのがいちばんです。

温度や湿度の管理は、しっかりと。病気のときの適温は 25 〜 28℃くらいです。寒さが厳しい冬は、特に暖かさを保つように気をつけましょう。ペットヒーターを部分的に使ってもいい

ですし、ケージの外側に使い捨てカイロを貼って、暖めてあげてもいいでしょう。室温はエアコンの温度設定に頼らず、ケージの近くに温度計を設置して、チェックしましょう。

静かに
見守ってね

看病のポイント

☐ **落ち着いた静かな場所で過ごさせてあげよう**

体調が悪いときは、静かで少し暗い環境が落ち着きます。布などをかけて、ケージ内を暗くしましょう。照明も暗めにして、ハムスターが落ち着いて過ごせるようにしてあげましょう。

☐ **排泄物は取り除き、清潔な環境をキープ**

病気のときは抵抗力が落ちています。排泄物は取り除き、清潔な床材をたっぷり入れてあげましょう。

室温をあたたかく

布をかけて暗く

清潔に

☐ **ケージ内の温度は暖めをキープ**

普段より少し暖かい 25 〜 28℃くらいになるように、エアコンなどを使って室温を調整しましょう。冬場はペットヒーターなども活用して。

☐ **複数飼いしている場合は、別のケージに**

他のハムスターに病気がうつる可能性があるので、病気がわかったらすぐに別のケージに移しましょう。床材や巣箱なども掃除して、ケージを消毒します。

処方された薬の与え方

獣医さんから薬を処方されたら、指示通りにきちんと飲ませましょう。
ストレスを与えないように、素早く行うのがポイントです。

飲み薬の与え方

❶ ハムスターをしっかり持つ

　暴れないように、体を固定します。手のひらにハムスターをのせてひっくり返し、親指で軽く押さえます。このとき、力を入れすぎないように注意しましょう。

力を入れすぎ
ないように

❷ スポイトなどで口もとに流し込む

　ハムスターの顔を固定して、スポイトを使って口もとに薬をたらすようにして与えます。甘いシロップ状の薬だと、ムニャムニャとなめます。口を開いてくれない場合は、口の両側に親指と人さし指を添えて軽く押すと、開きやすくなります。

目薬のさし方

体をしっかり固定して、そっと垂らす

　飲み薬を与える時と同じように体を固定したら、反対の手で目薬を持ち、目の上にそっと垂らします。目薬が浸透するとまばたきをします。綿棒で目の周りに残った目薬を拭き取りましょう。

残った目薬は
綿棒で

消毒のやり方

綿棒に消毒液をつけて、そっと当てる

　傷ができていたり、化膿したりしている場合は、定期的に消毒が必要です。綿棒の先に消毒液をつけて、患部にやさしく当てるようにして、つけていきます。

消毒

ⓅＯＩＮＴ

普段から甘いものでならしておくといい

　いきなり薬を飲ませるのは大変かもしれません。はちみつやガムシロップを薄めたものなど、甘いものをスポイトで与える練習をしておくといいでしょう。甘いものだと、嫌がらずに自分からなめてきます。

急な体調不良やケガのときは、応急手当を

 ## できるだけ早く病院へ連れて行こう

飼育環境の安全性に気をつけているつもりでも、突然ケガをしたり、体調不良になったりすることがあります。素人判断は危険ですが、やけどや感電などしてしまったときは、すぐに対処しないと命がおびやかされることもあります。おうちでできる処置をしたら、できるだけ早く動物病院へ連れていきましょう。

また何か起きたときにすぐに対処できるように救急グッズを準備しておくと安心です。

■ ハムスターの生理データ

体　温	36.2 ～ 37.5 度
心拍数	300 ～ 600 回／分
呼吸数	100 ～ 250 ／分

やんちゃなハムスターは思わぬケガをすることがあります。気をつけましょう。

ハムスターのための救急グッズを用意しておこう

● **スポイト**
薬を飲ませたり、流動食を与えるときに。

● **綿棒、ガーゼなど**
綿棒は消毒薬を塗るとき。ガーゼは、出血を押さえたりするときに。ウエットティッシュやタオルは体を拭くときに使います。

● **保冷剤・ペットヒーターなど**
熱中症や疑似冬眠（188 ～ 189 ページ参照）のときに、保冷剤やペットヒーター、使い捨てカイロで冷やしたり温めたりしてあげましょう。病院への移動時の温度管理にも役立ちます。

● **イオン飲料**
脱水時の水分補給用に。

CASE 1

暑さでグッタリしている（熱中症）

➡ 体を冷たいタオルなどで冷やす

タオルを
ぬらして

蒸し暑い場所に長時間いると、体温調節がうまくできず、熱中症になってしまうことがあります。グッタリしたり、息が荒くなったりしたら、熱中症のサインです。

万が一熱中症になってしまったら、すぐに涼しい場所に移動し、冷たいタオルをビニール袋に入れたものや、保冷剤をタオルでくるんだもので体を冷やしましょう。

CASE 2

骨折してしまった

➡ 狭い箱などに入れ、すぐ病院へ

金網ケージを上っていて落ちたり、飼い主が誤って落としてしまったりすると、骨折してしまうことも。ハムスターが骨折しやすいのは、後ろ足。歩き方が変になっていたら、小さなプラケースなどの箱に入れ、薄暗くして落ち着かせて、すぐに病院へ連れて行きましょう。

布をかけて
暗く

小さな
プラケースなど

どうぶつ

CASE 3

ケガをして出血している

➡ 止血して清潔に。無理なら狭い箱へ

仲間どうしでケンカしてかまれたり、ケージなどに足を引っ掛けて、ケガすることもあります。消毒薬を使うと気にしてひっかいたりすることもあります。切り傷は水道水でぬらしたガーゼでふき、清潔なプラケースなど狭い箱に移して、様子を見てみましょう。

動きが変だったり、出血が止まらないときは、すぐに動物病院へ。

CASE 4

感電してしまった

➡ コードを抜いてから、意識を確認

ケージのロックが甘かったりすると、飼い主さんの目を盗んでケージから出てしまい、電気コードをかんでしまうことがあります。

感電してしまったらすぐにコードを抜いて、ハムスターの意識を確認しましょう。

口の中をやけどしていることもあるので、意識があって問題なさそうに見えても、必ず獣医さんに診てもらいましょう。

CASE 5

やけどをした

➡ やけどした部位を冷やし、すぐに病院へ

被毛で覆われているため、やけどをしてもなかなか発見しにくいものです。ストーブなどに直接触れるなどしてやけどのおそれがあるときは、皮膚をチェック。地肌を見て、赤くなってやけどをしていたら、その部位を冷たいタオルなどで冷やし、すぐに動物病院へ。全身を冷やすと低体温症になるので気をつけて。

CASE 6

中毒を起こしてしまった

➡ 原因になったものを持って病院へ

ハムスターには中毒を起こす危険がある食べ物があります。呼吸困難や吐き気などの症状が見られたら、原因になったと思われるものを持って、動物病院へすぐに行きましょう。チョコレート、アボカド、ビワ、ドングリ、ネギ、タマネギなどは、特に要注意です。

➡食べると危険な植物は 159 ページ参照

CASE 7

下痢をしている

➡ 脱水と体温低下に注意して、水分補給を

おしりのまわりがぬれていたら、下痢の可能性があります。下痢をすると体内の水分もたくさん出てしまうので、水分補給をさせましょう。赤ちゃん用や小動物用のイオン飲料などがおすすめです。

病院への移動時には、下痢の水気で体温が低下してしまうおそれがあるので、吸水性のいいキッチンペーパーなどを床材にして、外からカイロを貼り付けて、暖かくなるようにしてあげましょう。

CASE 8

ゴキブリ取りに引っかかってしまった

➡ 食用油などを使い、やさしくはがして

ハムスターがケージから脱走したときに、粘着性のゴキブリ取りに引っかかってしまうことがあります。べったりとくっついてしまった場合、無理にはがそうとすると、毛が抜けたり、皮膚を傷つけたりする危険も。口にしても安全な食用油などを使い、少しずつはがしましょう。

❶作業しやすいように、体がくっついている粘着部分だけをカットする

　体を傷つけないように注意しながら、台紙をカットします。

❷食用油を粘着物がついた被毛によくすり込む

　口にしても安全なサラダ油がおすすめです。

❸粘着性が弱くなったら、少しずつゴキブリ取りからハムスターをはがしていく

　ハムスターの皮膚はとても薄いので、無理に引っ張ったりしないように気をつけましょう。

❹毛に残ったベタつきがなくなるまで、油をなじませる

　やさしく手のひらで包むようにしながら、油をなじませます。ベタつきが残っていたら、油を少し追加しましょう。

❺動物用のシャンプーで手早く洗い、体を乾かす

　ハムスターは体がぬれることがストレスになるので、素早く洗いましょう。少し油が残っていても、自分でなめてきれいにするので大丈夫。洗ったらすぐにタオルで水気を拭き取ってから、ドライヤーで軽く乾かします。

獣医師が見てきた
「いい飼い主さん」とは？

生まれ持った習性や
個性を理解してあげよう

ハムスターの寿命は2〜3年と、私たち人間に比べるととても短いものです。そしてその年月をずっとお世話して、見守ってあげる責任が飼い主さんにはあります。

ハムスターは犬や猫のように、飼い主さんとのコミュニケーションを積極的に求めてくる動物ではありません。しかし、飼い主さんが彼らのもともとの習性や、個々のハムスターの個性を理解してつき合ってあげることで、よりいい関係を築けるようになります。

同じ品種でも、飼い主さんにすぐになつくこともあれば、なかなかなついてくれないともあります。またかみ癖があったり、飼い主さんにまったく興味を示さないこともあります。

そんなとき「うちのハムスターはかわいげがない」などと嘆く飼い主さんもいるかもしれません。

しかし手乗りにならなくても、愛らしい仕草や表情を見れば癒されます。時間はかかっても、次第に飼い主さんのことを覚えて、おやつをねだってきてくれるようになるかもしれません。あせらず、じっくりとハムスターとつき合っていくことが「いい飼い主さん」への第一歩といえるでしょう。

ハムスターの成長段階に
合わせてケアすることが大事

さらに意識しておきたいのが、人間と同様にハムスターにも赤ちゃんから始まり、大人になって年老いていくまでのライフステージがあることです。小さいころはやんちゃなハムスターも、1歳半頃からシニア期に差し掛かり、2〜3歳で寿命を迎えます。

若いころは飼い主さんとふれあうのが好きだったハムスターも、高齢になると放っておかれるほうが好きになることがよくあります。ハムスターはペットの中でも、どちらかというとかまいすぎないほうがいい動物です。

品種ごとの個性はもちろん、
同じ品種のハムスターでも
違う個性を持っています。

「やりすぎず、やらなすぎない」
飼い主さんを目指そう

ちょうどいい
距離感でつき合って
ほしいな

いい飼い主さんの心得 …… 1
かまいすぎない

　小さなハムスターにとって、自分の何十倍もの大きさの人間は、最初は恐怖の対象にしか過ぎないかもしれません。野生では天敵が多いハムスターは、常に自分より大きい相手は警戒しています。ペットとしての遺伝子をもったハムスターにも、その傾向は少なからず残っています。いくら飼い主さんになれてきても、毎日長時間構われるのは、ハムスターにとって大きなストレスになることでしょう。特に子どもがいる家庭などでは、「1日1回30分まで」など、ハムスターとふれあう時間を決めておくことが大事です。

いい飼い主さんの心得 …… 2
適度にかまってあげる

　無理にコミュニケーションをとらないことは大事ですが、まったくコミュニケーションをとらないのも問題があります。ハムスターの様子をほとんど見ていないという飼い主さんは、体の異変に気づかず、わかったときは病気が進行して……などということもあるかもしれません。
　ほどよくかまって、ほどよく放っておいてあげることがハムスターとのつき合い方の基本です。

いい飼い主さんの心得 …… 3
情報を求めすぎない

　今のご時世、インターネットで検索すれば、たくさんのハムスターに関する情報を得ることができます。必要な情報が得られるのはいいことですが、すべての情報を鵜呑みにするのもよくありません。
　インターネットの情報の中には、獣医さんなどの専門家が監修している正しい情報もあります。しかし専門知識のない人が書いたあやふやな情報も、検索すると並列に出てきます。その情報がどこから出ているものかを確認して、情報を取捨選択することが大事です。

いい飼い主さんの心得 …… 4
正しい情報を得る

　今ではハムスターのグッズやフードは、日々進化しています。また病気の治療法や薬なども、次々に開発されています。自分の持っている情報を更新して、最新のハムスターの飼育環境にまつわる情報をチェックしておくことは大事です。
　情報を得るときは、かかりつけの獣医さんや、ハムスターを入手したペットショップなどから教えてもらうのもよいでしょう。

「しすぎない」ことが
ハムスターには大切

体が小さくてかわいらしいルックスのハムスターには、どうしてもかまってあげすぎてしまう飼い主さんも多いようです。

前のページで紹介した「いい飼い主さんの心得」ですが、「やりすぎず、やらなすぎない」ことが、特にハムスターの場合は大切です。かまいすぎはストレスのもとになるし、かまわなすぎると体調を崩していてもなかなか気づけないかもしれません。

目指すは、ちょうどいい距離感の飼い主さん。心配しすぎず、放任主義にもなりすぎないように接していきましょう。

自分の家に来てくれたハムスターとの時間を、大切に過ごしましょう。

獣医師が感動した
ある飼い主さんの話

本書の監修者である《東小金井ペット・クリニック》の青沼陽子先生が、忘れられない飼い主さん（以下Aさん）がいるそうです。そのAさんのエピソードを紹介しましょう。

Aさんはハムスターを飼うのに、衣装ケースを改造して、巣作りができるような大型のケージを作ってあげていました。小学生のお子さんの自由研究で、家族で協力して作り上げたそうです。おもちゃも手作りして、夏用、冬用と季節ごとに快適に過ごせるように工夫してあげていたそうです。

そのAさんの愛するハムスターが、子宮内膜症にかかり、青沼先生の病院で治療を受けることになりました。先生から処方された薬を、ハムスターはなかなか飲んでくれません。ヨーグルトに混ぜても、嫌がりました。

そこでAさんはきな粉を黒蜜で練ったお団子を作りました。そこに薬を混ぜると、ハムスターは嫌がらずに口にするのです。闘病の末、ハムスターは亡くなりましたが、自分たちができることをしてあげたので、Aさんもお子さんたちも穏やかな気持ちで見送ることができたそうです。

Aさんのように、そのときできることを、心を込めてしてあげることが、ハムスターにとっては一番幸せなはずです。「自分のハムスターにとっていい飼い主さん」はどんな飼い主さんなのかを、今一度考えてみることで、よりいい関係が築けるようになることでしょう。

シニアハムスターのお世話

健康長寿を目指す
3つのポイント

1歳半くらいから
シニアの仲間入りだよ

1歳半くらいから、老化のサインが見られ始めます。
生活環境を見直して、適切に整えてあげることが大事です。
快適に過ごせる工夫をしてあげましょう。

Point 1

1歳半を過ぎたら
シニア対策を

　ハムスターの平均寿命は2～3年です。個体差はありますが、1歳半を超える頃から、老化のサインが見られ始めます。ハムスターの1歳半は、人間でいうと40代後半。

　この頃からケージのレイアウトや毎日の食事の見直しをして、元気に年を重ねていけるようにしてあげましょう。

Point 2

病気の早期発見のために
健康チェックをしっかり

　人間と同じで、シニアになると病気にかかりやすくなってきます。白内障を発症すると目が見えにくくなってきます。また歯が悪くなって、今まで食べていた硬いペレットが食べにくくなってくることもあります。

　毎日の健康チェックをしっかり行い、体の不調や病気のサインに早めに気づいてあげましょう。

Point 3

感覚の衰えを補って
安全・快適な環境を

　高齢になってくると、視覚・聴覚・嗅覚などの感覚が衰えてきます。体温調節もしにくくなってきます。ハムスター自身が気づかないうちに、体にストレスがかかっていることもあるので、気をつけてあげましょう。

　ゆっくり過ごす時間が増えてくるので、ケージを置く場所も静かで落ち着ける場所にしてあげましょう。

シニアになったハムスターが安心して暮らせるように、環境整備してあげましょう。

シニアハムスターのお世話ポイント

住環境の見直し
➡ 段差をなくして、
　くつろげるように

　若い頃に比べると動きが鈍くなり、体の柔軟性も失われてきます。床材を増やし、回し車などのおもちゃは減らします。ケージの中の段差をなくして、ゆっくり過ごせるようにしてあげましょう。ケージは足をひっかけたりするおそれがない水槽タイプがおすすめです。

詳しくは208〜209ページ

食生活の見直し
➡ 太らないように
　メニューを見直して

　人間と同じで、シニアに差し掛かると代謝が落ちて、運動量も減ってくることから肥満しやすくなります。ペレットを低脂肪のシニア向けのものに変えてもいいでしょう。ただし急に変えると食べなくなってしまうことがあるので、切り替えは徐々に。脂肪分の高い油種子などの食べ物も控えめにしましょう。

詳しくは210〜211ページ

健康チェック
➡ 健康診断も受けておくと安心

　毎日の健康チェックはもちろん、動物病院での健康診断も3カ月〜半年に1回くらい受けてもいいでしょう。ちょっとでも異変があったら、すぐに獣医さんに相談を。

詳しくは206〜207ページ

健康診断
しましょうね！

よろしく
お願い
します

体の変化をチェックしよう

 ## 老化のサインをキャッチしてあげて

ハムスターは、ゴールデンで2歳半から3歳、ドワーフでは2歳から2歳半が平均寿命といわれています。愛らしいハムスターも、1歳半を超えるとシニア期に突入します。

1歳半くらいになると、体のいろいろな部分に老化のサインが見られ始めます（右ページ参照）。また動きが鈍くなってきたり、歯が悪くなり、フードが食べにくくなったりすることも。毎日の健康チェックをきちんとして、まずは飼い主さんが変化に気づいてあげることが大事です。また動物病院での健康診断も半年に1回、可能ならば3〜4カ月に1回くらいは受けておくと安心です。

日々の健康チェックとお世話で、ハムスターの体の変化に気づいてあげましょう。

ここに注意 **シニアハムスターがかかりやすい病気**

●皮膚病や腫瘍

腫瘍ができたり、皮膚病になったりするハムスターが増えてきます。日頃の健康チェックで、とくに注意して皮膚を見てあげましょう。

●生殖器の病気

性ホルモンのバランスが崩れてくるので、メスの場合は卵巣や子宮の病気が増えてきます。性器からの出血などが見られたら、獣医さんに診てもらいましょう。

●白内障

目の色が白っぽくにごってきたら、白内障にかかっている可能性があります。白内障が進むと視力が低下して、失明してしまうことも。ただしハムスターは嗅覚が優れているので、目が見えなくなっても生活に支障はあまりありません。

かゆい〜

見えない〜

ホルモンバランスが…

★病気の詳しい説明は Part 6 を参照

シニアハムスターの体と行動の変化

ハムスターの老化のサインは、見た目と行動の両方に現れます。
健康チェックに加えて、日頃の体の動きや行動パターンなども観察しておくと、
変化があったときにすぐに気づけます。

**頬袋に入れたものが
出しにくくなる**

頬袋に入れたものが出しにく
くなったり、片側の頬袋ばか
り使うようになります。

目が白くにごる

目の輝きが失われて、白っ
ぽくにごってきたら、白内
障にかかっているかもしれ
ません。視力も低下してき
ています。

毛並みが悪くなる

自分で毛づくろいすること
が少なくなり、毛づやが悪
くなってきます。

**歯が抜ける、
かみ合わせが悪くなる**

歯が弱ってきて、フードが食
べにくくなることも。食事の
内容を見直すことも必要にな
ってきます。

**手足の内側やお腹の
毛が薄くなる**

毛が薄くなると、皮膚のトラ
ブルも起きやすくなります。
皮膚病予防に清潔な環境を保
ちましょう。

爪が伸び過ぎている

活発に行動することが減って
くるため、爪がすり減る機会
が減ってきます。そのため爪
が伸びやすくなります。

● **消化機能が衰える**
胃腸の働きが悪くなり、下痢を起こし
やすくなることもあります。

● **ゆっくり歩くようになる**
片足を引きずるようにしたり、歩きに
くそうにしている場合は、ケガがない
かもチェック。

● **動きが鈍くなる**
筋肉の衰えから、足腰が弱くなってき
ます。体の動きが悪くなり、動作も鈍
くなります。

● **寝ている時間が長くなる**
若い頃に比べて、寝ている時間が長く
なります。

おだやかに過ごせる住環境に

ケージのレイアウトの見直しを

若い頃は元気いっぱいに回し車で走りまくっていたハムスターも、加齢とともに運動量が減ってきます。また動きが鈍くなってくるため、今まで軽々と登れていた段差を登れなくなるなど、運動能力も落ちてきます。

一日のほとんどをケージの中で過ごすハムスターにとって、居心地のいいケージは、最高にくつろげる場所です。

回し車を使わないようなら外し、ゆっくりくつろげるように、ケージのレイアウトを見直してみましょう。

ただしハムスターは環境の変化に敏感なので、突然ケージのレイアウトをガラッと変えてしまうと落ち着かなくなってしまうこともあります。様子を見ながら、少しずつリニューアルしていったほうがいいでしょう。

安心して
くつろげるように
してね。

ここに注意　夏の暑さ、冬の寒さ対策もしっかりと

高齢になってくると、寒さや暑さの影響で体調をくずしやすくなります。若い頃から温度や湿度の管理は必要ですが、よりこまめな温湿度管理を行うようにしましょう。

寒くなってきたらペット用ヒーターを使ったり、毛布でケージを囲ったりして、防寒対策を。また夏はエアコンで温度管理をしっかり行い、熱中症にならないように気をつけてあげましょう。

★季節対策は 94 〜 97 ページを参照。

冬は毛布などで囲ってあたたかく

安全・快適に、ケージ内をリニューアル

シニアハムスターが安全に、そして安心してくつろいで過ごせるように、
1歳半を目安にケージのリニューアルをしてあげましょう。

ケージは水槽タイプ

金網ケージは足をひっかけてケガを
する恐れがあるので、水槽タイプの
ケージにしましょう。

回し車などのおもちゃは取り外す

使わなくなっている回し車などのおも
ちゃは取り外して、ケージ内を広々と
させましょう。

床材は厚めに敷く

床材を厚めに敷いておくと、
ケガの防止になります。潜
り込むと暖かいので、防寒
効果もあります。ウッドチ
ップを床材に使う場合、パ
インチップ（松の木のチッ
プ）は細かい粉が目に入っ
てトラブルを起こすことが
あるので、ヒノキのチップ
がおすすめです。

水入れは
低めに設置

立ち上がらなくて
も飲みやすいよう
に、少し低めの位
置に設置するとい
いでしょう。

隠れられる場所を設置する

一日中ケージの中で、じっとしているこ
とも多くなります。ケージの中に隠れら
れる場所があると安心して過ごせます。
入りやすく、体の大きさに合っている巣
箱を設置してあげましょう。

快適な巣箱を用意して
あげましょう。

シニアのごはんは ここがポイント

 ## 食べ方の変化、体重の増減を見ながら見直しを

今までと同じ食生活をしているのに、最近太り気味になってきた……。ハムスターも人間と同じで、シニアに差し掛かると、代謝が落ちてきて、太りやすくなってきます。じっとしている時間が増えて、運動量が減ってくることも、肥満の原因になります。

また逆に食が細くなってきて、十分な栄養が取れなくなり、やせてくることもあります。だいたい1歳半くらいを目安に、食生活の見直しもするようにしましょう。

栄養バランスの
いい食事を
お願いしま〜す！

サプリメントは 必要に応じて取り入れて

ハムスター用サプリメントには、免疫力アップ（フコイダンや大麦βグルカンなど）、栄養補助・栄養の強化（高濃度の液状食や缶詰など）、整腸作用（乳酸菌サプリメントなど）などの目的に応じたものがあります。ほかにも白内障予防にブルーベリーエキス、関節炎の改善にグルコサミン、コンドロイチンなどを与えることがあります。与えるときは、必ず獣医さんの指導に従って、使用するようにしましょう。タブレット錠のサプリはブドウ糖でコーティングされているので、甘くて口当たりがよくなっています。食欲がないときでも、サプリだけは口にするハムスターもいます。

シニアハムスターの食事の見直しポイント

肥満が気になる、食欲が落ちてきたなど、ハムスターの状態に合わせて、
食生活を見直して、適切なフードをあげましょう。

1 肥満が気になってきた

➡ 低脂肪のペレットを 取り入れてみよう

　シニアになると運動量が減り、代謝が落ちるため、太りやすくなってきます。油種子などの脂肪分の多いフードは控えめにして、場合によっては低脂肪のペレットを取り入れてみましょう。

カラダにいいね！

2 硬いものが食べにくくなってきた

➡ フードを柔らかくして、 食べやすく

　歯が悪くなって、フードが食べづらくなることがあります。そんなときは、ペレットを砕いたり水でふやかしたりして、食べやすくしましょう。ニンジンやリンゴなども、細かく切ったり、すりおろしたりして与えてみましょう。

3 食べる量が減ってきた

➡ 好物を与えて、食欲を増進

　食が細くなっていたら、通常のペレットのほかに、食べやすくふやかしたペレットを補助的に与えてみましょう。また大好物の野菜や果物、種子類などで、食欲が増進することがあります。与えすぎは禁物ですが、うまく取り入れて。ほかにも右の囲みにあるようなフードをあげてみてもいいでしょう。

食べることは、健康を維持するために不可欠。おいしく食べて、栄養を取れるように工夫してあげましょう。

食欲が落ちたときなどに
食べやすく、
エネルギー補給できる
フードの例

ペット用ミルク　やさい・くだもの　すりおろす

無糖ヨーグルト　豆腐

- すりおろしたりした野菜や果物
- 無糖ヨーグルト
- 豆腐（水気をよく切る）
- ペット用ミルク　など

シニアハムスターのQOLを高めるには

 ## ハムスターの2年は、人間の80年と同じ

ハムスターの寿命は2〜3年。この年数を「短い」と感じる人も多いかもしれませんが、そんなことはありません。ハムスターは生まれてから2〜3年の間に、人間の一生と同様に、成長し大人になり、シニア期を迎えます。ハムスターの2年は、人間でいえば80年くらいの密度の濃い歳月なのです。

飼い主さんは、自分の家に来てくれたハムスターが充実した生涯を過ごせるように、「QOL（クオリティ・オブ・ライフ）を高めてあげる」ことが大切です。

> ### QOL（クオリティ・オブ・ライフ）とは
>
> QOL（quality of life）とは、生活を物質的な面から量的にとらえるのではなく、精神的な豊かさ、生活の快適さなど、質的にとらえる考え方のこと。人間の医療や福祉の分野で重視されていますが、ペットの動物たちにとってもQOLは欠かせません。

ハムスターが質の高い生活を送れるように、サポートしてあげましょう。

 ## 飼い主さんがつき合い方を見直すことも大切

ハムスターのQOLを高めるには、住空間（ケージ）、食生活（フード）などの飼育環境を適切にすることが大事です。そしてさらに大事なことは、飼い主さんのハムスターに対しての「つき合い方」かもしれません。

若くて元気なハムスターは、基本的に過保護にしないほうがいいものです。しかしシニアになってきたら、しっか

りフードを食べられているか？　体に異常はないか？など、飼い主さんが気にかけてあげることが大事です。

70〜73ページで「ハムスターとより仲良しになるための　飼い主さんのタイプ診断」を紹介しましたが、ここではタイプ別にシニアハムスターとのつき合い方のポイントを紹介します。

ハムスターをかまいすぎてしまったり、逆に放っておきすぎたりしていませんか？
ハムスターの個性を大事にしつつ、何をしてあげたらいいかを今一度、考えてみましょう。

★ 飼い主さんのタイプ診断は70〜73ページを参照

タイプ A リーダータイプ

「ダイエットさせすぎ」など
厳しくなりすぎないよう
注意

責任感の強いリーダータイプの飼い主さん。体重管理をしっかりしようとして運動させすぎたり、食事量を極端に制限したり、少し厳しくなりがちな傾向があるかもしれません。

シニアになったらこんなつき合い方を

体力が落ちてくる時期でもあるので、あまり厳しくダイエットや運動をさせると、逆に健康を害してしまうことも。体重などの数値だけに注目するにではなく、今のハムスターの状態をよく見てあげることが大事です。

タイプ B お母さんタイプ

「かまいすぎ」
「心配しすぎ」など
過保護に注意

しっかりお世話したいお母さんタイプの飼い主さん。ハムスターの変化に「歩きにくそうだけど、骨折していない？」など、心配をしすぎてしまうことがあるかもしれません。

シニアになったらこんなつき合い方を

加齢とともに、見た目や動き方に変化が出てくるのは、当たり前のこと。心配しすぎて、何度も病院へ連れていったりすることは、ハムスターにとってストレスになります。過保護になりすぎないように心がけましょう。

タイプ C 友だちタイプ

「おやつのあげすぎ」
「かまわなすぎ」など
放任主義にならないように注意

一緒に遊ぶのは好きだけど、こまめに健康チェックしたりするのは苦手な友達タイプの飼い主さん。おやつをあげすぎたり、逆に自分が忙しいときはハムスターのお世話がおざなりになることがあるかもしれません。

シニアになったらこんなつき合い方を

若くて元気なハムスターなら、あまり手をかけなくても、それほど病気になったりはしません。しかしシニアハムスターは、日々健康状態をよく見てあげることが大事です。

タイプ D 理論派タイプ

「マニュアルに頼りすぎる」など
理論的になりすぎないように
注意

物事を冷静に分析する理論派タイプの飼い主さん。飼育書などのマニュアルどおりにならないと、納得できない傾向があることも。

シニアになったらこんなつき合い方を

ハムスターも個体差があり、老化が早い個体もいれば、シニアでも元気な個体もいます。マニュアルにとらわれず、生活空間やフードを見直すときも、「どんなものを喜んでいるか？」を考えてあげるといいでしょう。

介護と看取りケアのポイント

体調が悪いことを隠す習性がある

　ハムスターが病気になっても、飼い主さんがなかなか気づかないことがあります。「どうして気づいてあげられなかったんだろう……」と後悔することも少なくありません。ハムスターは野生では捕食される立場の動物なので、体調が悪くなっても、素振りを見せません。そのため、なかなか不調に気づけないことがあるのです。

　病気の早期発見には、毎日の健康チェック（168〜169ページ参照）や動物病院での定期的な健康診断が役立ちます。もし病気になってしまったら、獣医さんに相談しながら、おうちでできる看病をしてあげましょう。

そっと見守ってくれるのが一番うれしいよ

check!

ハムスターの介護のポイント

❶ おだやかに過ごせる環境づくりを

　体調が悪いときは、静かでゆっくり体を休められる環境を整えてあげることが一番大事です。また急な気温や湿度の変化がないように、エアコンなどをうまく使って快適な温湿度を保ってあげて。

❷ 治療方法はQOLを考えながら検討する

　体の小さなハムスターにとって、外科手術などのハードな治療は、体にダメージを与えることになりかねません。獣医さんに相談して、どんな治療がベストなのかQOLを考えながら検討しましょう。

快適〜♥

❸ 不安なことは獣医さんに相談を

　ハムスターを心配するあまり、飼い主さんが落ち込んだり、体調を崩してしまったりしては、元も子もありません。不安に思うことや、看病のしかたで迷うことがあれば、獣医さんに相談しましょう。

介護のポイント…… ❶

食欲が落ちていたら

➡ ペレットをふやかしてペースト状に

　病気で食欲が落ちているときは、ペレットを水でふやかしたものをメインにあげましょう。これに野菜やヒマワリの種をすりつぶしたものを混ぜてペースト状にすると、栄養価も上がるのでおすすめです。ビタミン剤を加えてもいいでしょう。

　食べられない状態が長く続くと体が弱ってしまうので、少しずつでもいいので食べさせるようにしましょう。ハムスターの上あごや歯の裏に、ペースト状にしたエサをなすりつけて食べさせる方法もありますが、嫌がる場合は無理しないで。

介護のポイント…… ❷

下痢をしているときは

➡ 脱水症状を起こさないように水分補給

　下痢しているときは、脱水症状を起こさないように気をつけましょう。水か人間の赤ちゃん用のイオン飲料をあげてもいいでしょう。またビオフェルミンなどの整腸剤を少量、ヨーグルトに混ぜて与えると、下痢がおさまることがあります。

容態が急変することもあるので落ち着いて対処して

　病気にかかっているハムスターは、容態が急変することがあります。動物病院の診療時間内なら、すぐに連絡して獣医さんの指示に従い、落ち着いて対処しましょう。夜などで獣医さんに連絡できない場合は、暗くて静かな場所にケージを置き、ときどきハムスターの様子を確認します。

お別れの日がやってきたら

一緒に過ごす時間を大切に

　いつまでも一緒にいたいと思っても、ハムスターとのお別れは2～3年でやってきてしまいます。また先天的な病気などで、それより早く寿命を迎えてしまう場合もあります。

　また体調をくずしたと思ったら、すぐにお別れの日を迎えてしまう場合もあります。長く看病をしてきて亡くなる場合もショックは大きいものですが、突然のお別れはとてもつらいことでしょう。しかしこれもハムスターの生物的な特徴。「私がちゃんと病気に気づいてあげなかったから」などと、過剰に自分を責めるのはやめましょう。

　一緒に過ごす時間を大切に、楽しい

一緒に過ごしてきた楽しい思い出が、飼い主さんの悲しみを癒してくれることでしょう。

思い出をたくさんつくっておきましょう。そうすることで、きっとお別れの悲しみを乗り越えることができるはずです。

愛情をこめて、悔いのないお別れを

ハムスターを見送る方法は、大きく分けて3通りあります。愛情をこめて、悔いなく見送ってあげましょう。

❶ 自宅の庭に埋葬する

　庭がある場合は、土を掘って埋葬してもかまいません。ただしネコなどに荒らされないように、深さは30cm以上掘りましょう。ハムスターを紙箱に入れたり、紙にくるんだりして、埋めてあげるといいでしょう。

❷ ペット霊園で供養する

　ペットを専門にした葬儀社も一般的になってきています。火葬だけ頼んでお骨は家で安置したり、ペット霊園の納骨堂に納めてもらうなど、いろいろなプランがあります。個別火葬、ほかのペットと一緒の合同火葬などいろいろなコースがあります。

❸ 自治体に依頼する

　自治体によっては、ペット専用の火葬場で火葬してもらうこともできます。ほかのペットと一緒の合同火葬、個別火葬などがあります。各自治体で対応はさまざまなので、確認してみましょう。

悲しみに向き合うことで立ち直れる

家族の一員として暮らしてきたハムスターが突然亡くなってしまうと、心にポッカリと穴があいてしまい、"ペットロス症候群"に陥ってしまう飼い主さんも少なくありません。ペットロスから、なかなか立ち直れない人もいます。しかし無理に立ち直ろうとするのではなく、自分の悲しみに向き合うことが大事です。

泣きたいと思ったら、思いっきり泣いていいのです。泣くことで、次第に心が落ち着いてきます。また一人で抱え込まず、想いを言葉にして、周りの人に聞いてもらうことも大きないやしになります。家族や友だち、飼い主仲間などの親しい人に話すことで心が軽くなり、気持ちも整理していけます。また必要があれば、心理カウンセリングを受けるのもおすすめです。

「思い出アルバム」が、ペットロスを和らげてくれる

ハムスターとの「思い出アルバム」を作ることも、ペットロスを和らげるのに効果があります。写真を整理してプリントアウトしてアルバムに貼ったり、そのときのエピソードを書いたりすることで、気持ちが整理されていきます。

- 家にきたばかりのハムスター
- 大好きなおやつを食べているところ
- 回し車で遊んでいるところ
- ケージの中でくつろいでいるところ

そして飼い主さんの手に乗っているツーショットなども入れましょう。しばらくは見るのもつらいかもしれません。しかし時間の流れとともに悲しみが和らいで、楽しかった思い出がよみがえり、心がいやされることでしょう。

新しいハムスターを迎えることで、悲しみがいやされることもある

「大切にしてきたハムスターとお別れしたばかりで、新しいハムスターを迎えるなんて……」。とためらう人も多いかもしれません。しかし新しいハムスターと暮らすことで、悲しみがいやされたという例も多いものです。別のハムスターと暮らすことで、先代のハムスターのことを思い出してあげることも、供養になるといえるかもしれません。

よりいい関係を築くために考えておこう

ハムスターにとっての QOL

寿命が短いことは
かわいそうではない

　同じペットでも、犬や猫に比べると寿命が短いハムスター。長生きしても、3年ほどで天寿を全うします。

　「そんなに短くしか生きられないなんて……」と、かわいそうに思う飼い主さんもいるかもしれません。しかし彼らに流れている時間は、人間の時間のスピードとは違います。

　ハムスターは生まれてわずか2カ月で、人間でいえば15才くらいになり、繁殖ができるようになります。そして1歳を迎える頃には人間の30歳くらいになり、1歳半くらいからだんだん体の老化が始まります。

　彼らと暮らすときに、あっという間に年をとってしまうと考えるのではな

く、「密度の濃い時間を一緒に過ごしている」と考えてみてはどうでしょうか。

　愛するハムスターとの毎日の生活を楽しみ、たくさんの思い出を作ることが、ハムスターにとっても飼い主さんにとってもハッピーなのではないでしょうか？

ハムスターのQOLを
考えてみよう

　QOL（クオリティ・オブ・ライフ）という言葉を、最近よく耳にします。QOLとは一人ひとりの人生の内容の質や、社会的にみた生活の質のことを指します。人間でいえば「どれだけ人間らしい生活や、自分らしい生活を送り、人生に幸福を見出しているか」を尺度としてとらえる概念といえます。

中に入ってみたり、上に登ってみたりできるおもちゃは、ハムスターの本能を満たしてくれます。

トンネル好きなハムスターは多いので、
時々広い場所でトンネル遊びをさせて
あげるのもおすすめです。

ハムスターをはじめペットの動物た
ちに対しても、QOLを高めることが
大事だと考えられています。

ではハムスターにとってのQOLと
は、どんなことなのでしょうか？

食べ物を与えられ、安全なケージの
中で暮らすことで、ハムスターにとっ
ては一定のQOLは満たされていると
いえるでしょう。

野生では捕食される立場で、常に生
命の危険にさらされているハムスター
にとっては、ペットとしての生活は
QOLが高いと考えられます。

そこに飼い主さんとのコミュニケー
ションや、彼らの習性や本能を満たす
遊びをプラスしてあげると、QOLをさ
らに高めることができることでしょう。

「エンリッチメント」を 取り入れてみよう

野生動物は、食糧を探し、捕獲や採
取して食べることが生活の大半を占め
ています。

その点人間に飼育される動物たちは
すぐに食べ物が手に入るので、残りの
時間は退屈しがちです。住む場所も、
動物たちが長年かけて適応してきた本
来の生息地の環境とかけ離れ、狭く、
単調で変化が少なくなりがちです。

そこで最近、動物園などでも積極的
に取り入れられているのが「環境エン
リッチメント」という考え方です。

環境エンリッチメントとは、「動物
福祉の立場から、飼育動物の"幸福な
暮らし"を実現するための具体的な方
策」のことです。

家庭で飼っているペットの場合も、
飼育環境をなるべく野生での生活に近
くしたり、食べ物を探す行動ができる
ような環境づくりをすることで、イキ
イキと生活できます。

ハムスターの場合は、「穴を掘る本
能を満たすために、床材をたっぷり入
れて、穴掘り場を作る」、「くぐり抜け
て遊べるトンネルを設置する」、「フー
ドを床材の下に隠して、自分で食べ物
を探す本能を満たしてあげる」など、
少し工夫をすることで、彼らのQOL
を高めることができます。

「かじる」という行動も、
ハムスターの本能的なもの。
かじれるおもちゃは、ストレス発散に効果的。

体調管理に「健康手帳」を
活用しよう

フォーマットを決めて
記録しておくのがおすすめ

　ハムスターは自分から体調の変化や不調を飼い主さんに伝えることができません。日々の健康チェックで、異変がないかを確認することが大事です。決まったフォーマットで記録しておくと、体調の変化がさらによくわかるようになります。

　体重、食べたごはんやおやつの量、飲んだ水の量、尿やフンの状態、食欲の有無や機嫌の良し悪しなどを毎日記録しておけば、食欲不振や便秘気味など、体調の変化がすぐにわかります。

　また、元気がない、落ち着きがないなど、飼い主さんが気づいたことは何でも記録しておきましょう。

　次のページに健康手帳の記録シートを掲載しているので、コピーして活用してください。

動物病院にかかった
日付や内容も記録しよう

　ハムスターを飼うときには、事前に主治医を探しておくことが大事です。体調に異変があって受診する際には、健康手帳の記録内容が獣医さんの参考になることが多々あります。記録をファイルして、健康手帳を作っておくといいでしょう。

　また動物病院にかかった日や症状、処方された薬なども記録を残しておくと、次に病院にかかるときの参考に

なります。体重もグラフにしておくと、増減が一目瞭然になります。

　健康手帳をつけることで、ハムスターの病気の早期発見、健康管理につながります。ぜひ習慣にしましょう。

写真でも記録しておくと
変化がよくわかる

　健康状態の記録に、写真も撮っておくと変化がよくわかり、病院での診察にも役立ちます。

　フンの状態や尿の色などがいつもと違うときは、スマホで撮影しておいて、獣医さんに見せてみましょう。現物を持っていければいいのですが、特に尿は持っていくのは大変。写真で見せることで、獣医さんが診察するときに参考になります。

　ハムスターの写真も定期的に撮っておくと、太ってきた、やせてきたなどの体型の変化や、毛並みの変化など比較がしやすくなります。

表情もよく観察して、機嫌の良し悪しなども記録しておきましょう。

※コピーして使いましょう。

今日の 体調記録

| 年　月　日　曜日 | 天気　　気温（℃）　　湿度（%） |

体重　（　　　　　）g　　前回より　増えた・減った・変化なし

食事内容
ペレット（　　　　　）g
副食（　　　　　　　　　　　　　　　　）

飲み水　よく飲む　あまり飲まない　まったく飲まない

食欲
旺盛　普通　あまりない　まったくない
気になること（　　　　　　　　　　　）

行動
元気がいい　おとなしい　落ち着きがない
気になること（　　　　　　　　　　　）

機嫌
良い　普通　悪い
気になること（　　　　　　　　）

尿
多い　普通　少ない
色やにおいなど気になる点（　　　　　）

便
多い　普通　少ない
色や形、においなど気になる点（　　　）

体のチェック
□ 目（　　　　）　□ 耳（　　　　）
□ 鼻（　　　　）　□ 口と歯（　　　）
□ 皮膚（　　　）　□ おなか（　　　）
□ おしり（　　）　□ 足（　　　　）

その他気がついたこと

※コピーして使いましょう。

毎月の体重変化グラフ

ゴールデン用

ドワーフ用

(g)									(g)
200									80
190									75
180									70
170									65
160									60
150									55
140									50
130									45
120									40
110									35
100									30
90									25
80									20
70									15
60									10

年 齢	歳	歳	歳	歳	歳	歳	歳	歳
	か月	か月	か月	か月	か月	か月	か月	か月
月 日	月 日	月 日	月 日	月 日	月 日	月 日	月 日	月 日
体 重	g	g	g	g	g	g	g	g
メ モ								

●動物病院　受診記録

月　　日	獣医師名
今回の症状	
今までの経緯	
処方された薬	

月　　日	獣医師名
今回の症状	
今までの経緯	
処方された薬	

月　　日	獣医師名
今回の症状	
今までの経緯	
処方された薬	

月　　日	獣医師名
今回の症状	
今までの経緯	
処方された薬	

●獣医師

動物病院名：

住所：　　　　　　　　　　　　　　　　　　電話：

STAFF

- 構成　　　鈴木麻子（GARDEN）
- 写真　　　中村宣一
- イラスト　千原櫻子　中山三恵子
- デザイン　清水良子　馬場紅子（R-coco）
- 執筆　　　山崎陽子
- 校正　　　くすのき舎

取材・撮影協力

勝田　正（喜沢熱帯魚）

監修者紹介

青沼陽子 (あおぬま ようこ)

東小金井ペット・クリニック院長
獣医師／獣医中医師／獣医推拿整体師／ジアスセラピストスクール
講師

酪農学園大学獣医学部卒業。
西洋医学に加え、鍼灸や自然治癒力を高める代替療法を積極的に
取り入れた治療に取り組んでいる。
クリニックでは、中学生の職場体験の受け入れ、小学校での動物
ふれあい授業なども積極的に行い、地域に貢献している。
「ウサギの飼い方・しつけ方」「かわいいインコの飼い方・楽しみ方」
(成美堂出版・監修) など、著書・監修書多数。
https://pet-clinic.info/index.html

※本書掲載の商品は、仕様が変更になったり、販売を終了する可能性があります。

いちばんよくわかる! ハムスターの飼い方・暮らし方

監 修	青沼陽子
発行者	深見公子
発行所	成美堂出版
	〒162-8445　東京都新宿区新小川町1-7
	電話(03)5206-8151　FAX(03)5206-8159
印 刷	広研印刷株式会社

©SEIBIDO SHUPPAN 2020 PRINTED IN JAPAN
ISBN978-4-415-32829-4
落丁・乱丁などの不良本はお取り替えします
定価はカバーに表示してあります